码上学技术·绿色农业关键技术系列

中药材
高质高效生产200题

贺献林　刘国香　主编

中国农业出版社
北　京

内 容 提 要

　　《中药材高质高效生产200题》选取生产上最核心、最难解决、农民最关心的200个关键技术问题，以提问和解答形式呈现，方便读者查阅；同时，配合中药材生长形态、病虫害症状等彩色图片，力求达到语言文字通俗化、技术要点科学化、解答问题简约化、图片对照形象化。

　　全书分为上、下两篇，上篇选取药材种植中的主要环节进行了概括论述，下篇选择32种药材，从选地整地、田间播种、栽培管理、病虫害防治以及采收加工等方面进行具体解答；还附有40余幅中药材彩色插图供读者参考使用。

　　本书内容丰富、通俗易懂，文字简练，指导性、实用性、可操作性强，不仅适合于广大基层农业技术人员和农民朋友及药材生产从业人员、药材销售人员学习，也可供中药学教学人员及农业院校相关专业的师生参考。

编审人员名单

主　　编　贺献林　高级农艺师

　　　　　刘国香　高级农艺师

副　主　编　贾和田　高级农艺师

　　　　　王海飞　农艺师

参编人员　陈玉明　农艺师

　　　　　付亚平　高级农艺师

　　　　　王玉霞　农艺师

　　　　　李春杰　农艺师

　　　　　申国玉　农艺师

　　　　　王　萍　农艺师

　　　　　王丽叶　兽医师

　　　　　宗建新　农艺师

　　　　　李　鑫　工程师

主　　审　杨太新　教授

前　言

随着人民生活水平的提高，人民更加关注身体健康，中医药在健康养生和防病治病领域发挥着不可替代的作用。随着健康中国战略的实施，中药材生产作为一种特色产业受到各产区政府的大力支持，成为农业结构调整、农业增效、农民增收的重要内容和途径。以往药材种植多是农民自由、随意种植，种植主体是个体农户，在质量监控要求越来越严格的产业发展背景下，这种以单个药农为主体的无序种植逐渐退出历史舞台，中药材人工栽培基地建设发展迅速，出现不少中药材规模种植区和中药材产业乡、产业县等，中药材基地化、规模化生产已成为中药材生产的主要形式，专业合作社、新型药农、基地公司、药企等成为中药材生产的主体。但中药材和其他农作物有着十分明显的区别，一方面，中药材是中医药事业传承和发展的物质基础，是关系国计民生的战略性资源，是中医防病治病的物质基础，是保障人们日常健康养生必备的高质量的消费品；另一方面，作为原料保障基础的中药材产业，已成为农业结构调整、农民增收致富的新兴特色产业，其产品是一种高效益的农产品。因此，中药材生产要以有序、安全、有效为目标。有序即依据中药材道地性原理，全面优化全国中药材生产布局；安全即防止有害物质产生和污染，强化绿色安全生产，保障药材质量安全和环境生态安全；有效即一方面以提高中药的临床疗效为宗旨，确保药效，另一方面还要兼顾药农的经济效益。保障人们健康要求中药材生产必须高质量，而作为实现农民增收的特色产业，又要求中药材生产要高效益。因此，如何实现中药材的高质高效生产已成为中药材产业发展的瓶颈问题。

为此，我们根据多年中药材生产实践，组织生产一线技术人员组成本书编写团队，选择当前常见药材品种，从中药材在哪里种植、如何种、如何管、如何防治病虫草害、如何采收加工等环节提出问题，并逐一解答，力图使问答涵盖整个生产过程的关键环节和技术。

本书在参考最新科研成果的基础上，为更好地体现生产实际，编写人员深入药材基地进行实地调研和操作，熟悉每种药材的生产过程，掌握关键技术，编写问答；形成初稿后，又邀请药农和一线生产人员进行了多轮研讨和修改，力求贴近生产实际，让药农更容易理解和掌握。在编写过程中，得到了河北省中药材业技术体系创新团队的大力支持；岗位专家河北农业大学的杨太新教授帮助审稿，何运转教授帮助提供了部分药材品种的病虫害图片；本书的出版还得到了中国农业出版社、涉县农业农村局的大力支持，在此一并致谢。由于编者水平有限，书中难免有疏漏和差错之处，敬请广大读者谅解和批评指正。

编　者

2020 年 10 月

目 录

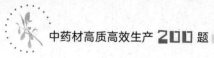

一、中药材生产知识要点

1. 如何实现中药材高质高效生产？

中医药产业和大健康产业是我国着力打造的国民经济支柱性产业，产业的快速发展离不开中药资源，独具特色的中药资源直接影响着产业发展。而中药材作为一类质量监管更为严格的特殊产品，其既有农产品属性，又有药品属性；作为药品，中药材质量的安全和有效性至关重要；作为农业结构调整、农民增收致富的新兴特色产业，中药材生产也要确保实现高效益。

要保证中药材的质量安全和有效，首先，就要在种植时选择经过中医临床长期优选出来的，在特定地域通过特定生产过程所生产的，较其他地区所产的同种药材品质更佳、疗效更好，具有较高知名度的道地药材。其次，要根据所选道地药材品种的生长特性，科学选择种植基地；依据其营养特性，因地制宜地合理施肥；并选择符合中药材生产技术规程的高效、低毒、低残留农药，严禁使用国家禁止使用的农药品种，保证中药材品质和质量安全。最后，按照药用部位不同确定最佳采收期和初加工技术。而作为特殊农产品，要实现生产的高效益，一要实现品牌化。打造道地药材知名品牌，赋予其地域、人文、质量和科技的内涵，增加其附加值和市场竞争力。二要力争差异化。发展本地"特""优"药材，要充分挖掘本地特色资源，种植本地"特""优"药材。一般来说，本地的特优药材品种因其价格友好、销路畅通，最容易受药厂、药商的青睐。三要实现规模化。药材种植具有风险性，如俗语所说，"多了是草，少了是宝"，要综合分析各方面信息，掌握市场行情和发展动态，进行综合分析决策。一般来讲，专业化、规模化种植，容易树立形象、创造影响，对药厂、药商的吸引力大，商家和厂家也愿意直接到产地收购。四要实现标准化。要解决药材质量问题，就必须实施规范化种植。在生产过程中对施肥种类、施肥时期、浇水时期、次数及农药的使用种类、时期等制定标准进行规范，确定一套完整的标准操作规程；同时规范采收时期、加工方法和包装，做到商品药材生产质量可追溯。

2. 什么是道地药材？

道地药材，又称地道药材，是优质纯真药材的专用名词，是指经过中医临床长期应用优选出来的、在特定地域、通过特定生产过程所产的药材，较其他地区所产的同种药材品质更佳、疗效更好，具有较高知名度。

道地药材的形成与其所处生态环境的关系极为密切。可以说是特定生态环境下的产物。有专家认为道地药材的形成与微量元素的分布有关，如药用植物黄芪就是硒元素的指示植物；民间俗说东北人参"择地而生"，现研究证明，人参所"择"之地就是土壤中微量元素锗含量较高的"锗地"。因此，药材的道地性形成受气候、土壤等多种因素影响。

3. 全国主要道地药材的产区分布是怎样的？

我国将主要道地药材产区分为七大区域，分别是：

（1）东北道地药材产区。本区域大部属温带、寒温带季风气候，是关药主产区。包括内蒙古东北部、辽宁、吉林及黑龙江等地区，中药材种植面积约占全国的5%。本区域优势道地药材品种主要有人参、北五味、关黄柏、辽细辛、关龙胆、赤芍、关防风等。

（2）华北道地药材产区。本区域大部属亚热带季风气候，是北药主产区。包括内蒙古中部、天津、河北、山西等地区，中药材种植面积约占全国的7%。本区域优势道地药材品种主要有黄芩、连翘、知母、酸枣仁、潞党参、柴胡、远志、山楂、天花粉、甘草、黄芪等。

（3）华东道地药材产区。本区属热带、亚热带季风气候，是浙药、江南药、淮药等的主产区。包括江苏、浙江、安徽、福建、江西、山东等省，中药材种植面积约占全国的 11%。本区域优势道地药材品种主要有浙贝母、温郁金、白芍、杭白芷、浙白术、杭麦冬、台乌药、宣木瓜、牡丹皮、江枳壳、江栀子、茅苍术、苏芡实、建泽泻、建莲子、东银花、山茱萸、茯苓、灵芝、铁皮石斛、菊花、前胡、天花粉、薄荷、元胡、玄参、车前子、丹参、百合、覆盆子、瓜蒌等。

（4）华中道地药材产区。本区属温带、亚热带季风气候，是怀药、蕲药等的主产区。包括河南、湖北、湖南等省，中药材种植面积约占全国的 16%。本区域优势道地药材品种主要有怀山药、怀地黄、怀牛膝、怀菊花、密银花、荆半夏、山茱萸、茯苓、天麻、南阳艾、天花粉、湘莲子、黄精、枳壳、百合、猪苓、独活、青皮、木香等。

（5）华南道地药材产区。本区属热带、亚热带季风气候，气温较高、湿度较大，是南药主产区。包括广东、广西、海南等省（自治区），中药材种植面积约占全国的 6%。本区域优势道地药材品种主要有阳春砂、新会陈皮、化橘红、高良姜、佛手、广巴戟、广藿香、广金钱草、罗汉果、广郁金、肉桂、何首乌、益智仁等。

（6）西南道地药材产区。本区域气候类型较多，包括亚热带季风气候及温带、亚热带高原气候，是川药、贵药、云药主产区。包括重庆、四川、贵州、云南等省（直辖市），中药材种植面积约占全国的 25%。本区域优势道地药材品种主要有川芎、川续断、川牛膝、黄连、川黄柏、川厚朴、川椒、川乌、川楝子、川木香、三七、天麻、滇黄精、滇重楼、川党、川丹皮、茯苓、铁皮石斛、丹参、白芍、川郁金、川白芷、川麦冬、川枳壳、川杜仲、干姜、大黄、当归、佛手、独活、姜黄、龙胆、云木香、青蒿等。

（7）西北道地药材产区。本区域大部属于温带季风气候，较为干旱，是秦药、藏药、维药主产区。包括内蒙古、西藏、陕西、甘肃、青海、宁夏、新疆等省（自治区），中药材种植面积约占全国的 30%。本区域优势道地药材品种主要有当归、大黄、纹党参、枸杞、银柴胡、柴胡、秦艽、红景天、胡黄连、红花、羌活、山茱萸、猪苓、独活、青皮、紫草、款冬花、甘草、黄芪、肉苁蓉、锁阳等。

4. 怎样选择中药材种植品种？

一般选择中药材种植品种应从以下三个方面考虑：一是当地的生态气候条件。选择种植的品种要看是否适合当地的气候条件、土壤条件、灌溉和排水条件，要确保当地环境满足其生长习性的特殊要求。一般以种植当地道地药材品种为好。二是药材种植的收益。影响药材收益的因素较多，主要的客观因素有种植成本、市场价格、种源和栽培技术。三是市场销售情况。种植前要看是否有销售渠道或有药企收购。这三个方面在种植药材前都要考虑。目前河北省适宜发展的中药材品种有黄芩、黄芪、金银花、枸杞、山药、知母、柴胡、丹参、防风、白芷、天花粉、桔梗、射干、苦参、菘蓝、王不留行、酸枣等。

5. 影响中药材价格的主要因素有哪些？

（1）国家有关中医药的宏观政策。中药材的价格受国家有关中医药政策的影响较大。目前，国家有关中医药的政策有利于提高中药材价格。国家新药审批制度确立后，每年都有大量的新药投放市场，这些新药的生产需要大量的生产原料；另外，国家规范了中药材交易市场，使某些劣质中药材不能进入市场，同时取缔了市场中的不法商贩，从而使优质中药材价格提高。

（2）国际市场的需求。随着中医药对外交流的广泛深入，国际市场对中药材的需求量也不断增加，这样势必会提高中药材的价格。然而日本、韩国、新加坡、加拿大、美国、西班牙等国家的植物药出口量也很大，必定引起市场竞争，直接影响我国国内药材市场的价格。

（3）国内中药新药市场。中药材用于临床主要在饮片和成药方面使用，饮片的用量一般来说是比较稳定的，而成药原料药的用量是中药材总用量的重要部分。我国每年都要批准中药新药用于临床，这样必定增加原料药的用量，从而影响中药材价格。

（4）暴发性疾病。暴发性疾病，尤其对于中药具有治疗优势的暴发性疾病，对某些中药材价格有很大的影响。2003年的"非典"使板蓝根、大青叶、贯众、连翘、金银花、黄芩、黄芪等药材价格一夜间翻了几番。2020年的"新冠"疫情发生后，由于中医辩证施治的灵活性和科学性、中药配伍的针对性和有效性满足了医界快速、有效抗击疫情的需要，中医药在抗击"新冠"疫情中充分显示了自己的疗效与价值，获得了高度的全民关注与信任，这给中药材带来了长期需求上升的积极影响，有利于中药材产业长期发展。对于中药材的种子种苗繁育、种养生产、产地加工与销售等直接相关环节，供过于求的库存压力可在短期内得到缓解，拉动相应的市场价格上行；这些环节的利益相关者将因为产品抗击疫情的医疗价值和需求量的上升而摆脱经济困境；但对于其他在疫情中没有发挥重要作用的中药材的各环节主体而言，则可能因为短期内生产经营活动受限而面临现金流的困难，主要表现为销货流量下降与固定支出之间的矛盾。

（5）自然灾害。中药材和其他农作物一样，受气候条件影响很大，遇自然灾害，如干旱、水涝、虫灾等，会明显影响某些药材主产区的产量，药材价格将会随之变动。

（6）中药材栽培面积。当某种药材栽培面积大时，供大于求，则价格回落；而当栽培面积缩小时，求大于供，则价格势必回升。因此，栽培面积的大小直接影响药材价格的降升。

（7）栽培技术难易。有些中药材栽培技术简单，价格攀升快，但回落也快，而种植技术复杂的中药材价格波动一般较少，即使波动，波幅也小。

（8）生产周期。有些中药材为一年生药用植物，生产周期短，价格波动大；而生产周期较长的中药材，如木本药材属于3年以上才能采收的中药材，其价格波动缓慢，遇到市场形势不好时，价格下降缓慢，恢复也慢。

6. 生态环境对中药材生长发育有何影响？

环境中的土壤、气候、地形以及生物等各种因子直接或间接地影响着中药材的生长发育、产量和质量的形成，其作用可能是有利的，也可能是不利的。

（1）土壤。

① 土壤肥力。土壤指地壳表面能够生长植物的疏松土层，它是

由岩石长期受水、热、空气、生物等自然因素的共同作用逐渐形成的。土壤的基本特性是具有肥力。土壤肥力的高低直接影响着药用植物质量的优劣和产量的高低。土壤肥力分级参考指标见表1，微量元素含量分级参考指标见表2。

表1　土壤肥力分级参考指标

项目	级别	旱地	水田	菜地	园地	牧地
有机质，克/千克	I	>15	>25	>30	>20	>20
	II	10~15	20~25	20~30	15~20	15~20
	III	<10	<20	<20	<15	<15
全氮，克/千克	I	>1.0	>1.2	>1.2	>1.0	—
	II	0.8~1.0	1.0~1.2	1.0~1.2	0.8~1.0	—
	III	<0.8	<1.0	<1.0	<0.8	—
有效磷，毫克/千克	I	>10	>15	>40	>10	>10
	II	5~10	10~15	20~40	5~10	5~10
	III	<5	<10	<20	<5	<5
有效钾，毫克/千克	I	>120	>100	>150	>100	—
	II	80~120	50~100	100~150	50~100	—
	III	<80	<50	<100	<50	—
阳离子交换量，厘摩尔/千克	I	>20	>20	>20	>15	—
	II	15~20	15~20	15~20	10~15	—
	III	<15	<15	<15	<15	—
质地	I	轻壤、中壤	中壤、重壤	轻壤	轻壤	沙壤至中壤
	II	沙壤、重壤	沙壤、轻黏土	沙壤、中壤	沙壤、中壤	重壤
	III	沙土、黏土	沙土、黏土	沙土、黏土	沙土、黏土	沙土、黏土

来源：中华人民共和国农业行业标准《绿色食品　产地环境技术条件》（NY/T 391—2013）。

　　土壤肥力分级中的各项指标，I级为优良，II级为尚可，III级为较差，供评价者和生产者在评价和生产时参考，生产中应增施有机肥，使土壤肥力逐年提高。

表 2　土壤中微量元素含量分级表（单位：毫克/千克）

元素	很低	低	中等	高	很高	临界值
水溶性硼	<0.25	0.25~0.50	0.51~1.00	1.01~2.00	>2.00	0.5
有效态钼	<0.10	0.10~0.15	0.16~0.20	0.21~0.30	>0.30	0.15
有效态锰	<3.0	3~5	5~10	10~15	>15	3
有效态铁		<2.5	2.5~4.5	>4.5		2.5
有效态锌	<0.5	0.5~1.0	1.0~1.5	1.5~2.0	>2.0	0.5
有效态铜	<0.10	0.1~0.2	0.2~1.0	1.0~1.8	>1.8	
交换性镁	0~25	25~50	50~100	100~150	>150	0.2
有效态硫						50
有效态硅	<200	200~300	300~500	>500		8~12

来源：《北方山区中药材种植技术手册》，王国元，贺献林，2013。

有机质含量直接影响土壤肥力，它们主要来源于动植物残体和人畜粪便等。我国多数土壤有机质含量在1%~2%之间，东北地区东部山区的土壤有机质含量可达5%~12%。

有机质对植物生长具有以下作用：a. 其所含的营养成分较为全面，含有较多的大量元素和丰富的微量元素，是植物养料的主要来源。其中可溶性的胡敏酸在低浓度下能刺激根系的生长。b. 腐殖质是良好的胶结剂，能促进土壤团粒结构的形成，尤其是有钙离子存在的条件下，能形成水稳定性团粒；腐殖质是亲水胶体，其亲水能力比黏粒大10倍左右。c. 腐殖质的多种化学功能基团，如羧酸基、酚羟基的氢离子可与土壤中的阴离子进行交换，使阳离子不易流失。因此，可以提高土壤的保水保肥能力。d. 腐殖质为黑色，容易吸收光能，可提高土壤温度。e. 植物的生长离不开微生物的活动，通过腐殖质中微生物的活动，土壤能够较迅速地释放各种营养元素供植物吸收。总之，土壤有机质可以使土壤保持较好的水、肥、气、热条件，这是药用植物生长所需要的最佳环境。

② 土壤质地。土壤是由各种矿物颗粒组成的，各种大、中、小颗粒在土壤重量中所占的百分数决定了土壤的质地。质地不同，土壤

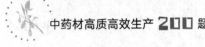

的肥力、耕作性能、水肥保持能力、作物生长情况等也不同。根据土壤中沙粒、黏粒和粉粒所占比例不同，将土壤分为沙土、黏土和壤土。

a. 沙土。沙粒含量在50％以上，土壤通气性、透水性好，但保水能力差，土壤温度变化剧烈，对热的缓冲能力差，易干旱。此类土壤适宜种植耐旱的药用植物，如甘草、防风等。

b. 黏土。黏粒含量在80％～100％，沙粒只占0～20％，土壤结构致密，保水保肥能力强，通气性、透水性差，但供给养分慢，土壤耕作阻力大，不利于根系生长。药用植物一般生长周期较长，不能每年进行耕翻，故此类土壤对多数药用植物生长不适宜。

c. 壤土。土壤各种颗粒的粗细比例适度，沙粒、黏粒含量适宜，兼有沙土和黏土的优点，是多数药用植物栽培最理想的土壤类型，特别是对以根、根茎、鳞茎做药的植物最为合适。适于沙土种植的药用植物，在此类土壤中能更好地生长。

③ 土壤酸碱度。pH小于6.5的为酸性土壤，pH在6.5～7.5的为中性土壤，pH大于7.5的为碱性土壤。不同的酸碱度影响土壤微生物的活动和土壤中化学元素的含量，从而影响植物的生长和发育。

植物细胞内的pH是处于一种相对的稳定状态，以维持各种酶的活性。每种植物生长都需要一个符合自己要求的、适宜的酸碱环境条件，这个条件也是由土壤决定的。土壤的酸碱度也决定着植物生长过程中各种微量元素的含量，酸碱度不适宜可能会造成某些元素的缺乏。植物生长在酸碱不适宜的土壤中，土壤中的一些盐离子与植物体中对应的盐离子可能会产生较大的浓度差，此时植物通过主动运输的形式不断地运转这些多余的盐离子，消耗许多能量；植株最明显的表现就是生长变弱，植物叶片失绿，生长缓慢，抗病能力差，生长不良，甚至不能生长等。

土壤肥力、土壤质地和土壤酸碱度常常直接影响药材的生产。不同的药用植物对土壤质地的要求不同，如丹参、桔梗、黄芩、党参、山药、黄连等大多数根及根茎类药材适宜生长在沙质壤土，而地黄适宜生长于肥沃的黏土；有的植物喜酸性土壤，如延胡索和南方酸性土壤中生长的桃金娘、栀子、铁芒萁、毛冬青等；有的植物适合在钙质土或石灰性土壤上生长，如在西北地区的钙质土上生长的甘草、枸杞、麻黄、银柴胡等；分布于石灰岩山地的药用植物种类有南天竹、青天葵、木蝴蝶、地枫皮、红豆杉等。有的植物能在盐碱较强的土壤上生长，如金银花、麻黄等；有的植物还有较大的酸碱耐受能力，如款冬花在中性和碱性土壤上生长均较适宜，但也能忍耐 pH 为 4 的酸性较强的土壤。大部分药用植物适宜生长于微酸性至微碱性土壤。此外，土壤的化学性质对植物含有的化学成分也有一定影响，如含氮肥多的土壤能使药用植物的生物碱含量增加。

（2）光照。光合作用指绿色植物利用太阳能，把二氧化碳和水转化成有机物，并释放氧气的过程。植物对光是一种完全的依赖关系。光不仅是植物生长的能量来源，也控制着植物的生长发育、种子萌发、定向生长、开花结果等过程。

① 光照强度的影响。光是植物进行光合作用的能量来源。植物生态学上通常根据植物对光的不同要求，将植物分为阳性植物、阴性植物及耐阴植物三大类：

a. 阳性植物：指在强光环境中才能生长健壮，在荫蔽和弱光条件下生长发育不良的植物。多分布于旷野、向阳坡地，如甘草、黄芩、黄芪、丹参、桔梗、白术、芍药、地黄、洋地黄、连翘、决明子、北沙参、党参、红花、薄荷、防风、龙胆、杜仲、玫瑰等；在山地分布的有雪莲花、红景天、蒲公英等；在荒漠草原分布的有麻黄、甘草、肉苁蓉、锁阳等。

b. 阴性植物：指在较弱的光照条件下比在强光下生长良好的植物，但并不是说，阴性植物对光照度的要求是越弱越好，当光照过弱，达不到阴性植物的光补偿点时，其也无法正常地生长。因此，阴性植物要求较弱的光也仅仅是相对于阳性植物的喜光性而言。阴性植物多生长在潮湿、背阴的地方或者密林内，如金钱草、人参、三七、半夏、细辛、天南星、黄连、绞股蓝、魔芋等。

c. 耐阴植物：对光的要求介于以上两类之间。耐阴植物的光习性介于阳性植物和阴性植物之间，既能在向阳山地生长，也可在较荫蔽的地方生长，如侧柏、柴胡、黄精、沙参、山药、苍术、肉桂、款冬等，这类植物在全日照下生长最好，但也能忍耐适度的荫蔽，或是在生殖发育期间需要较轻度的遮阴。

但是，同一种植物在不同的发育阶段对光的要求也不一样。如厚朴、杜仲等木本植物，幼苗期也需遮阴，怕强光。党参幼苗喜阴，成株则喜阳。黄连虽为阴性植物，生长不同阶段，耐阴程度不同，幼苗期最耐阴，但栽后第四年可除去遮阴物，在强光下生长，利于根部生长。一般情况下，植物在开花结实阶段或块茎等贮藏器官形成阶段，需要较多的养分，对光的要求也更高。

②光周期的影响。植物的光周期现象是指日照时间的长短对于植物生长发育的影响，是植物发育的一个重要影响因素。它不仅影响到植物的花芽分化、开花、结实、分枝习性，甚至一些地下贮藏器官，如块根、块茎、鳞茎的形成也受其影响。光周期是指一天中日出至日落的理论日照时数，而不是实际有阳光的时数。一般以植物对光周期的反应将植物分为三类：

a. 长日照植物：指只有当日照长度超过它的临界日长时才能开花的植物。如果达不到它们所需要的临界日长，时数不足，植物则停留在营养生长阶段，不能形成花芽。如牛蒡、除虫菊、红花等。

b. 短日照植物：指日照长度只有短于其所要求的临界日长，或者说暗期超过一定时数才能开花的植物。如菊花、苍耳、牵牛、紫苏、龙胆等。

c. 中间型植物：这类植物的开花受日照长短的影响较小，只要其他条件合适，在不同的日照长度下都能开花，如蒲公英等。

③光照与种子萌发。药用植物有许多种子为光敏种子，必须在有光照的情况下才能发芽，如蒲公英、贯叶连翘等，播种时要特别注意。

④光照与产量和质量。光照影响着药用植物的产量，在适当的条件下，随着光照的加强植物的光合作用加强，产量增加。在光照不足的情况下，光合作用下降，呼吸作用所放出的二氧化碳多于光合作用吸收的二氧化碳时（二者平衡时称光补偿点），营养处于负积累，最终导致植物死亡。柴胡在高密度种植下，光照不良时易产生这种现象。每种植物都有自己的光饱和点，在光补偿点与光饱和点之间，随着光照的加强，光合产物增多，生长加快。超过光饱和点，对喜光的

植物来说，产量不再增加，对不喜光的植物来说，则产生生理病害，叶片受伤害而致死亡。

光照条件也影响植物体内有效成分含量，如薄荷中挥发油的含量及油中薄荷脑的含量均随光照度增加而提高，晴天含量比阴天含量高。人参皂苷含量也随光照度提高而增加。`

（3）温度。温度指植物生长期间的空气及土壤温度。气温受纬度、海拔高度、季节的影响。一年中气温最冷月平均气温和最热月平均气温的差值，称为年较差。把一日中气温变化的相差，称为日温差。一般来说，我国各地的日温差和年较差由南向北增大；由东南沿海向西北内陆增大；由于土壤传热比空气慢，所以地温变化较小。

温度的变化直接影响植物的光合作用和呼吸作用。一般情况下，随着温度的升高，光合作用和呼吸作用都会加强，但它们也都有一个最低及最高温度，把植物生长发育过程中的最高温度、最适温度、最低温度称为温度三基点，而且不同的植物对这三种温度的要求是不同的。一般植物光合作用的温度以 25～35 ℃为适宜，超过这个温度，光合强度随之下降，到 40～50 ℃光合作用完全停止。

光合作用是制造（合成）有机物的，而呼吸作用相反，是分解（消耗）有机物的。白天温度高、夜间温度低，即日温差大时，夜间呼吸作用减弱，消耗降低，有利于有机物的积累，地下根茎、块茎生长最快；在冬天，温室里夜间温度过高会影响植物生长。温度过低、过高都会给植物生长造成障碍，使生产受到损失。

① 药用植物对温度的要求。根据药用植物对温度的不同要求，可以将其分为四类：

a. 耐寒的药用植物：如柴胡、人参、细辛、百合、五味子、刺五加等，能耐－15～－10 ℃的低温，短期内可以忍耐－20～－15 ℃的低温；同化作用最旺盛时的温度为 15～20 ℃。

b. 半耐寒的药用植物：如板蓝根、白芷等，能耐短时间－2～－1 ℃低温，同化作用在 17～20 ℃时较大。

c. 喜温的药用植物：种子萌发、幼苗生长、开花结果都要求较高的温度，同化作用所需的适宜温度为 20～30 ℃，而当温度在 10～15 ℃及以下时，植物授粉不良，引起落花，如颠茄、望江南等。

d. 耐热的药用植物：如冬瓜、丝瓜、罗汉果等，它们在 30 ℃左右的环境下同化作用最高，个别植物在 40 ℃的高温下仍能生长。

同一种药用植物的不同发育时期对温度有不同的要求。如种子发芽时，要求较高的温度；幼苗时期的适宜生长温度，往往比种子发芽时的低些，营养生长时期的适宜生长温度又较幼苗期的稍高。到了生殖发育时期，要求充足的阳光及较高的温度。

② 温度的周期和春化作用。温度的周期性变化是指温度的季节变化和昼夜变化。在进行药材生产时，可根据药用植物的物候期及当地的气候特点确定播种期、栽培措施等。

除了适应温度的季节性变化外，植物对温度的昼夜变化也有一定的要求。如地黄、白术、玄参、牛膝、党参、川芎等一些根茎类植物的地下贮藏器官在入秋后生长较快，这是由于昼夜温差增大，促进了有机物的积累。

春化作用是指由于低温所引起的对植物发育上的影响。如当归、白芷、牛蒡、板蓝根等都需要经过一段低温春化，才能开花结籽。根据植物通过春化方式的不同，可以分为两大类：一是萌动种子的低温春化，如荠菜、板蓝根等；二是绿体植物（在幼苗时期）的低温春化，如当归、白芷、牛蒡、菊花等。

一般春化的温度范围为 0～15 ℃，并需要一定的时间。在药材生产过程中应注意春化问题，以免造成不必要的损失，如板蓝根春季播种过早，当年便会提前开花结籽，影响药用价值。当归、白芷秋季播种过早而幼苗过大，均会引起开花结籽，造成根部空心不能作为药用。

（4）水分。栽培的药用植物除莲、泽泻、芡实等要求有一定的水层外，绝大多数主要靠根从土壤中吸收水分。在土壤处在正常含水量的条件下，根系入土较深；但在潮湿的土壤中，药用植物根系不发达，多分布在浅层土壤中，生长缓慢，特别是一些根茎类药用植物，常因此而发生病害，如桔梗的根腐病，延胡索、白术等的菌核病等，大都是由于水分过多、湿度过大而引发的。

通常根据药用植物对水分的不同要求，将其分为旱生植物、水生植物、湿生植物、中生植物四类。

① 旱生植物。在干旱环境中生长，能忍受较长时间干旱仍能维持水分平衡和正常生长发育的一类植物。在干热的草原和荒漠地区，旱生植物的种类特别丰富。旱生植物中又可分为多浆液植物（仙人掌、芦荟等）、少浆液植物（麻黄等）和深根性植物（知母、丹参等）。

② 湿生植物。在潮湿环境中生长，不能忍受较长时间的水分不足，是抗旱能力最差的陆生植物。根据环境的特点还可以将其分为阴性湿生植物（喜弱光，潮湿大气）和阳性湿生植物（喜强光，潮湿土壤）两大类。前者如各种秋海棠、蕨类等；后者如泽泻、慈姑、菖蒲、薏苡、半边莲、毛茛、西洋百合等。湿生植物根系浅，侧根少而短，抑制蒸腾的构造和弱化了的输导组织以及发达的通气组织使其适宜在沼泽、河滩、低洼地、山谷、林下等环境生长。

③ 中生植物。大多数药用植物都属这一类，如黄芩、桔梗、地黄、浙贝母、延胡索等。中生植物的根系、输导组织、机械组织和控制蒸腾作用的各种结构，都比湿生植物发达，但不如旱生植物。它们在干旱情况下容易枯萎，在水分太多时又容易发生涝害。因此，在栽培这类植物过程中，适当地排灌才能有效地提高药材的产量和质量。

④ 水生植物。生长在水中的植物统称为水生植物，如莲、芡实、芦苇、香蒲等。又可分为沉水植物、浮水植物、挺水植物。

"有收无收在于水"，水在植物生命活动中具有重要作用，是生命体的重要组成部分。同一种药用植物在不同的生长发育阶段，对水分的要求也不相同，因此，在引种栽培过程中，还要进一步掌握药用植物不同生长时期对水分的要求，才能有效地制定灌溉排水措施。例如：黄芩幼苗期喜湿，后期喜干；薏苡开花结实期不能缺水。应该强调一点，旱生植物不是喜旱植物，当土壤持水量由40%提高到60%时，旱生植物的生长明显加快，产量明显增加，旱生植物只是比中生植物更适应干旱的环境。

（5）空气和风。这里所指的空气是指近地面的大气与土壤里所有气态物质的总称。这些气态物质常对植物产生影响。

① 空气与药用植物生长发育的关系。空气中对药用植物的生长发育有影响的成分有二氧化碳、氧、水汽、尘埃和工厂的废气等。

大气中的二氧化碳是植物进行光合作用的必要原料，其在大气中的含量随工业的发展在逐步提高，一般在 0.03%。土壤里的二氧化碳含量较高，一般在 0.15%～0.65%。当含量高至 2%～3% 时，对根系的呼吸不利，并产生毒害作用。研究表明，在一般情况下，光合作用二氧化碳的浓度以 1% 最适宜。在塑料薄膜设施内，每天从上午 8 时到下午 5 时，向决明子和大豆（开花到种子成熟）群体中通入含有二氧化碳浓度为 800～1 200 克/米³ 的空气，可提高它们种子产量 40%～50%。

氧气是植物进行呼吸作用的必要原料，土壤空气中的氧含量很少，同时变化不定，常导致植物呼吸困难。土壤板结，含水量过大，土壤易缺氧，地下部分呼吸困难，常造成植物发育不良和病害发生。

水汽影响空气的温度，工厂的大量废气、烟雾及尘埃等会严重影响药用植物的生长和发育。某些中药材可吸收有毒气体，减轻环境污染，如 1 公顷柳杉一年可吸收 720 千克二氧化硫；柑橘树能吸收叶重 0.8% 的硫；丁香、夹竹桃、八角等中药材的树叶吸硫能力也很强。

② 风与药用植物生长发育的关系。风是空气的运动形式。风对药用植物生长发育的影响是多方面的。它是决定地面热量（冷、热气团）与水分（干燥与湿润的气团）运转的因素，有的风对植物生长发育有直接的影响，如台风、海陆风、山风与谷风等。

微风能够加强二氧化碳的交换，使二氧化碳能够不断满足光合作用的需要。所以，通风不畅的地方，植物发育不良。太阳辐射强烈时，微风可降低叶面温度；风也能够传播花粉，有利于果实种子的生产；同时，微风对防止轻微的霜冻有利。

风的直接害处是损伤或折断植物的枝叶，造成落花、落果，使植物倒伏。在播种时如遇大风，种子就不易均匀地撒下，出苗即疏密不匀。风的间接害处是改变空气的温度和湿度，使土壤干燥、地温降低，吹走细土等；同时也有利于病菌孢子的传播。这些都对药用植物生长不利。控制和防止风的危害对水土保持和创造有利的小气候有重要意义。

（6）地形地貌。地形、地貌对中药资源虽不产生直接影响，但能制约光照、温度、水分等自然因素，所以对药用植物的生存仍起着决定性作用。地形的变化可引起气候及其他因子的变化，从而影响中药资源的种类与分布。例如，不同海拔高度分布的中药资源种类不同；不同朝向的山坡分布的中药资源种类也不相同，向南的阳坡生长着喜暖、喜光的植物，向北的阴坡生长着喜阴、喜凉的植物；坡度过大，乔木类药用植物难以生长，只有矮小的灌木和草本药用植物才能适应和生长。

7. 如何进行中药材种植基地规划？

中药材对产品质量要求严格，且部分药材道地性很强，药材价格受市场调节波动大。因此，发展中药材栽培基地首先要因地制宜，根据各地的气候生态特点，选择适宜种植的品种类型，采用集约化、仿野生栽培及与农林间作、套种、混作等多种形式，统筹安排。其次，选择适销对路的中药材品种，坚持以市场为导向，考虑中药材市场需求量及价格变化，进行准确市场定位，根据市场变化及时调节生产品种，以销定产，减少生产盲目性。另外，坚持社会效益、经济效益和生态效益相结合的原则，依靠先进的科学技术，实行集约化、规模化、商品化经营。

8. 林药套种应注意哪些问题？

山区利用退耕还林地套种中药材是提高土地利用率、增加农民收入的有效措施，但必须注意以下五大问题。

（1）品种适应性。选定的中药材必须适应当地的土壤、气候条件，适宜在退耕还林地生长。由于退耕还林地一般为山区坡地，此类耕地多数土层薄、肥力差、易受旱。因此，应选耐瘠薄、耐干旱、耐草荒的粗生易长中药材品种，如柴胡、丹参、射干、知母等。此外，还须考虑海拔、朝向、土壤湿度、树龄等因素。树龄小时，可种植对光照条件要求较高的丹参、菊花、射干等阳生中药材；树龄较大时，则必须种植对光照条件要求不高的黄连、黄精等阴生中药材。注意大多数中药材种植后3～5年均不宜重茬。

（2）产品有效成分含量。有的中药材虽能在退耕还林地套种，产量也高，但有效成分含量却很低，商品性状差，这样的中药材就不能盲目发展。例如许多高山中药材就不宜在低山种植。保证中药材质量的简单方法，就是优先发展当地有野生资源且经化验后有效成分含量较高的品种。如河北涉县的柴胡、丹参、射干、知母、荆芥、地黄等，这些品种野生资源丰富，有效成分含量高。对引进的外地新品种，一定要先试验，确认其产量与有效成分含量后，再推广种植。

（3）退耕还林政策。林药套种目的是稳住退耕成果，更好地退耕还林，不可舍本求末或本末倒置。在选择套种的中药材品种时，首先应选择以收获茎、叶、花、果等地上部分为主，一年种植可多年受益的中药材，如菊花等；其次可选择种植后需多年才能收获或种后不必连年翻耕、地面绿色植被保持时间较长的中药材，如射干、丹参、柴胡、牡丹等。总之，在退耕还林地不能套种与政策有冲突的当年生地下根茎类中药材。

（4）统一技术标准。现代中药材生产应走区域化、规模化、专业化、标准化的道路，林药套种也不例外。各地应根据自身的资源与环境条件，通过认真分析、比较，因地制宜地确定发展重点，并按照统一的种植管理技术标准组织生产。只有这样，生产的中药材产品才有市场竞争力，能获得理想效益。

（5）必须有良好的经济效益。林药套种目的是在保证林木正常生长的前提下增加农民收入，因此，必须讲究经济效益。这就要求林药套种在药材种类选择、种植布局、栽培技术、收获加工等方面，尽量按市场要求运作，既要发挥地方优势，又要注重市场变化；既要防止不问市场的盲目发展，又要防止脱离实际的赶价跟风。

9. 如何根据土壤类型选择中药材品种？

土壤按质地可分为沙土、黏土和壤土。沙土通气透水性良好，耕作阻力小，土温变化快，保水保肥能力差，易发生干旱。适于在沙土种植的有甘草、麻黄、北沙参及仙人掌等。黏土通气透水能力差，土壤结构致密，耕作阻力大，但保水保肥能力强，供肥慢，肥效持久、稳定。适宜在黏土上栽种的中药材不多，如泽泻等。壤土的性质介于沙土与黏土之间，是栽培中药材最优良的土质。壤土土质疏松，容易耕作，透水性良好，又有相当强的保水保肥能力，适宜大多数中药材种植，特别是根及根茎类的药材更宜在壤土中栽培，如地黄、薯蓣、当归和丹参等。

10. 中药材生产中如何合理轮作？

中药材生产中，在同一块地上连年种植同一种药材常导致植株生长不良，病虫害发生严重，产量和质量下降，这种现象被称为连作障碍，在根和根茎类药材生产中尤为严重，合理轮作倒茬是提高药材产量和质量的有效途径。

轮作是在同一田地上有顺序地轮换种植不同植物的种植方式。轮作能充分利用土壤营养元素，提高肥效；减少病虫危害，克服植物自身分泌物的不利影响；改变田间生态条件，减少杂草危害等。中药材合理轮作应注意以下问题：薄荷、细辛、荆芥、紫苏、穿心莲等叶类、全草类药材生长要求土壤肥沃，需氮肥较多，应选豆科作物或其他蔬菜做前作；桔梗、柴胡、党参、紫苏、牛膝、白术等小粒种子繁殖的药材，播种覆土浅，易受草荒危害，应选豆类或收获期较早的中耕作物做前茬。有些药用植物与蔬菜等都属于某些害虫的寄主范围或同类取食植物，轮作时必须错开此类茬口。如地黄与大豆、花生易感相同的胞囊线虫；枸杞和马铃薯易发生相同的疫病，安排茬口时要特别注意。另外，还要注意轮作年限，有些药用植物轮作周期长，可单独安排轮作顺序，如地黄、人参轮作周期 10 年左右。

11. 中药材种子播前处理方法有哪些？

中药材种子和农作物种子一样，也需要播前处理，播前处理是为了提高种子的播种质量、打破种子休眠、促进种子萌芽和幼苗健壮，防止苗期病虫害发生。

中药材种子播前处理主要有选种、晒种、消毒、浸种、擦伤处理、沙藏层积处理、拌种、种子包衣、药种磁场处理、蒸汽处理、催芽处理、超声波处理等处理方法。

（1）选种。选择优良的种子，是中药材取得优质高产的重要保证。隔年陈种子色泽发灰，有霉味，往往发芽率较低，甚至不发芽。选种时，应精选出色泽发亮、颗粒饱满、大小均匀一致、粒大而重、有芳香味、发育成熟、不携带虫卵病菌、生命力强的种子。数量少时可通过手工选种，数量大时可用水选或风选的方法。

（2）晒种。播前晒种能提高某些种子中酶的活性、加速种内新陈代谢、降低种子含水量、增强种子活力、提高发芽率，并能起到杀菌消毒的作用。

（3）消毒。普通种子在播种前不必消毒，但对于一些易感染病虫害的种子，因其表面常带有各种病原菌，使其在催芽中和播种后易发生烂种或幼苗病害。如薏苡种子，采用2%～2.5%的硫酸铜水溶液浸种10分钟后，可防止黑粉病的发生。多数中草药种子，可用50%多菌灵可湿性粉剂500～800倍液浸种10～30分钟，或在1%的福尔马林溶液中浸种5～10分钟，然后取出，用清水冲洗干净，晾至表面无水时即可进行催芽或播种，以达到消毒作用，保苗效果很好。

（4）浸种。对于大多数较容易发芽的种子，用冷水或温水（40～50℃）或冷热水变温交替浸种12～24小时，不仅能使种皮软化，增强通透性，促进种子快速、整齐地萌发，而且还能杀死种子内外所带病菌，防止病害传播。

（5）种子包衣。种子包衣就是在药材种子外面包裹一层种衣剂。播种后种衣剂吸水膨胀，其内有效成分迅速被药材种子吸收，可对种子消毒并防止苗期病、虫、鸟、鼠害，提高出苗率。

（6）蒸汽处理。采用蒸汽处理药材种子，一定要保持比较稳定的温度和一定的湿度，防止种子过干或过湿，且要勤检查、常翻动，使种子受热均匀，促进气体交换。

（7）超声波处理。超声波是频率高达2万赫兹以上的声波，用它对种子进行短暂处理（15秒至5分钟），具有促进发芽、加速幼苗生长、提早成熟和增产等作用。

12. 中药材如何间苗、定苗和补苗？

间苗、定苗和补苗是田间管理中调控植株密度的技术措施。对于用种子直播繁殖的中药材，在生产上为确保出苗数量，其播种量一般大于所需苗数。为保持一定株距，防止幼苗过密、生长纤弱、倒伏等现象发生，播种出苗后需及时去掉生长过密、长势弱和有病虫害的幼苗，这一过程称为间苗。间苗宜早不宜迟，过迟则因幼苗生长过密会引起光照和养分不足，通风不良，造成植株细弱，易遭病虫危害；同时，苗大根深，间苗困难且易伤害附近植株。大田直播一般间苗 2~3 次。最后一次间苗称为定苗，可使中药材种植群体达到理想苗数。

有些中药材种子由于发芽率低或其他原因，播种后出苗少、出苗不整齐，或出苗后遭受病虫害，造成缺苗断垄，此时需要结合间苗、定苗，及时补苗。补苗可从间苗中选取健壮苗，或从苗床中选，也可事先播种部分种子专供补苗用。补苗时间以雨后最好。补苗应带土，剪去部分叶片，补苗后酌情浇水。补苗温度较高时要用大叶片或树枝遮阳。种子、种根发芽快的也可直接补苗。对于贵重中药材，如人参等，并不进行间苗，而是精选种子，在精细整地基础上按株行距播种。

13. 如何根据施肥时期划分中药材肥料的种类？

按照中药材生产中施肥的先后，通常把中药材施肥的种类分为基肥、种肥和追肥三类。

（1）基肥。基肥是指整地前或整地时，移栽定植前或秋冬季节整地时，施入土壤的肥料。一般以农家有机肥料或泥土肥为主，也可适当搭配磷、钾肥。

（2）种肥。种肥是指在播种或幼苗扦插时施用的肥料，目的是满足幼苗初期生长发育需要的养分。有的地区将基肥与种肥合二为一。

（3）追肥。追肥是指植株生长发育期间施用的肥料，其目的是及时补给植株代谢旺盛时需要的养分。追肥以速效化学肥料为主，以便及时供应植物所需的养分。

14. 中药材生产常用的肥料种类有哪些？

肥料大体分为两类：一是农家肥料（有机肥料），二是化学肥料

（无机肥料）。化学肥料有大量元素肥料和微量元素肥料。农家肥料一般都含有氮、磷、钾三大元素以及其他元素和各种微量元素，所以叫完全肥料。农家肥料含有丰富的有机质，需经过土壤微生物慢慢地分解，才能为植物利用，所以又叫迟效性肥料。化学肥料施下后，可以很快被植物吸收，所以又叫速效性肥料。

（1）农家肥料。包括人粪尿、厩肥、堆肥、饼肥、绿肥以及各种土杂肥等。这些肥料来源丰富，是我国农业生产的主要肥源。常用有机肥的种类、成分、性质及施用要点如表3所示。

表3　常用有机肥的成分、性质及施用要点

肥料类别		成分含量（%）				性质与施用要点
		水分	有机质	氮	磷	钾	
人粪尿		80以上	5～10	0.5～0.8	0.2～0.4	0.2～0.3	是高效性速效肥，适用叶类中药材，经腐熟后可作追肥，施用时应稀释
鸡粪鸭粪		50.5 56.6	25.5 26.2	1.63 1.10	1.54 1.40	0.85 0.62	养分浓厚，氮：磷：钾一般为5：3：2，属热性肥，易腐熟，一般作追肥，每公顷用量375～750千克
厩肥	猪牛马羊	72.4 77.5 71.3 64.0	25.0 20.3 25.4 31.8	0.45 0.34 0.58 0.83	0.19 0.16 0.28 0.23	0.60 0.40 0.53 0.67	厩肥养料齐全，既肥苗又改土，刚起圈堆积不足1月的作基肥，半腐熟的可作播种前底肥，完全腐熟的可作种肥和追肥
堆肥一般高温		60～70	15～25 24～42	0.4～0.5 1.1～2	0.18～0.26 0.3～0.8	0.5～0.7 0.5～2.5	堆肥是有机质丰富、养料齐全的肥料，除供植物养料外还可培肥土壤，一般作基肥，每公顷用量15 000～30 000千克

（续）

肥料类别	成分含量（%）					性质与施用要点
	水分	有机质	氮	磷	钾	
大豆饼 芝麻饼 花生饼 菜籽饼			7.00 5.80 6.32 4.50	1.32 3.00 1.17 2.48	2.13 1.30 1.34 1.40	以含氮为主，并含相当多的磷、钾及微量元素，一般含有机质 75%～85%，饼肥的肥效高而持久，可作基肥和追肥，作基肥前需粉碎，作追肥前要发酵，一般每公顷用量 450～1 125 千克

来源：《肥料手册》，北京农业大学，1979。

（2）化学肥料。其特点是不含有机质，肥料成分浓厚，大部分是工业产品，主要成分能溶于水或容易转化成植物能吸收的形态。按所含的主要养分不同分为氮肥、磷肥、钾肥等几种。常用无机肥的种类、性质及施用方法见表 4。

表 4　无机肥料的种类、性质及施用方法

类别	名称	三元素含量（%）	性质	施用方法
氮肥	硫酸铵	含氮 20.8	白色结晶粉末，有时淡黄色，易溶于水，速效	多作追肥或种肥，不能与碱性肥料混施，每公顷用量 150～300 千克
	硝酸铵	含氮 34.0	白色结晶，有时略呈黄色，粒状或粉末，中性，易溶于水，吸湿性强，应防潮贮存	宜作追肥，也可作种肥，旱地施用需覆土，水田不宜施用，不应与碱性肥料混施，不可猛击，以防爆炸，也不可与易燃物混放，每公顷用量 75～150 千克

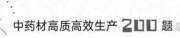

（续）

类别	名称	三元素含量（%）	性质	施用方法
氮肥	碳酸氢铵	含氮 17.0	白色或灰白色粉末，有气味，易挥发损失，易潮解、速效、生理中性，最适于酸性和中性土壤	多作追肥，开沟深施覆土，切不可与茎、叶、种子接触，以免烧伤，水田施用宜保持水层，不能与碱性肥料混用
	尿素	含氮 46.0	白色，中性，吸湿性强，肥效较慢	施时不宜接触茎、叶，不宜作种肥，以免烧苗
	硝酸钙	含氮 20.0	浅灰色或灰褐色，碱性速效，易液化	用于酸性土壤，应防爆炸，防燃烧
	氨水	含氮 15～20	有刺激性气味和腐蚀性碱性反应	可作追肥和基肥，注意避免灼伤植物和人体
磷肥	过磷酸钙	含磷 16～18	灰白色粒状或粉末，酸性，有吸湿性和腐蚀性、速效	不宜与草木灰等碱性肥料混合施用，可作基肥及根外追肥
钾肥	硫酸钾	含钾 48.0	灰白色或灰黑色结晶，不吸湿，易溶于水，生理酸性	可作追肥，沙土易流失，可分次施或与有机肥料混合施用
	氯化钾	含钾 50～60	白色结晶粉末，或略带黄色，生理酸性，易溶于水	可作追肥，不宜施于烟草等作物，盐碱地不宜施用
复合肥	磷酸一铵	含氮、磷分别是 11.0、48.0	浅灰色或黄色粒状，遇石灰则成为不溶性磷酸钙	可作基肥、追肥，最好作基肥，不能与碱性肥料混合施用
	磷酸二铵	含氮、磷分别是 16.0、20.0	浅灰色或黄色粒状，遇石灰则成为不溶性磷酸钙	最好作基肥使用，不能与碱性肥料混合施用

（续）

类别	名称	三元素含量（%）	性质	施用方法
复合肥	硝酸钾	含氮、钾分别是 13.5、45.5	纯品为白色结晶，有助燃性	作基肥、追肥，适于需钾多的作物，水田不宜施用，不要存放在高温处或有易燃品处
	磷酸铵	含氮、磷分别是 18.0、46.0	三元复合肥，易溶于水	可作基肥，每公顷用量 75~150 千克，若作追肥，溶于水后再施，每公顷用量 37.5 千克
	硝磷钾	含氮、磷、钾分别是 12~17、11~17、6~17	三元复合肥，易溶于水	可作基肥、追肥

来源：《肥料手册》北京农业大学，1979。

　　为了提高无机肥料的利用率，近年来将有机肥料与无机肥料混合做成颗粒状肥料施用，这种肥料称颗粒肥料。

　　（3）微量元素肥料。微量元素主要有硼、锰、锌、铜、钼等。植物对其需要量虽少，但却是不可缺少的。在某些缺乏微量元素的土壤上施用相应的微量元素肥料，有显著的增产作用。此类肥料多用作种肥和根外追肥，种肥多用于浸种。在不妨碍肥效和药效的原则下，可结合病虫害防治，将肥料与农药混合喷施。使用此类肥料要注意选择合适的浓度和用量才能奏效，几种微量元素肥料的养分含量、性质和使用方法详见表5。

表5　微量元素肥料的养分含量、性质和使用方法

名称	含量（%）	性质	施用方法
硼酸	硼 17.5	白色结晶或粉末，易溶于水	作种肥或追肥，适用于碱性土壤，根外追肥浓度 0.1%~0.15%
硼砂	硼 11.3	白色结晶或粉末，易溶于水	可作种肥、基肥和追肥，根外追肥浓度为 0.2% 左右

（续）

名称	含量（%）	性质	施用方法
钼酸铵	钼48.1，氮6.0	白色晶体，易溶于水	可作种肥或追肥，根外追肥浓度0.02%
硫酸锌	锌40.5	无色透明棱柱状结晶或颗粒状粉末，溶于水	可作基肥或追肥，适于碱性土壤，根外追肥浓度0.1%～0.5%
硫酸铜	铜25.9	蓝色结晶，易溶于水	基肥或追肥均可，基肥每公顷用量22.5～30千克，根外追肥浓度0.2%～1%
硫酸锰	锰24.6	粉红色结晶，易溶于水	可作基肥、种肥或根外追肥，基肥每公顷用量30～37.5千克，根外追肥浓度0.05%～0.1%

来源：《土壤肥料学》河北省昌黎农业学校，1979。

（4）腐殖酸肥料。腐殖酸肥料是新发展起来的肥料。腐殖酸是动、植物残体在微生物作用下生成的高分子有机化合物，广泛存在于土壤、泥煤和褐煤中。以含腐殖酸的自然资源为主要原料制成的含有氮、磷、钾等营养元素或某些微量元素的肥料，统称腐殖酸肥料，简称腐肥。它是有机肥与无机肥相结合的新型肥料。这类肥料肥源丰富、制作简便、投资少、收益大，很有发展前途。

腐殖酸肥料目前主要有腐殖酸铵、腐殖酸磷、腐殖酸钾、腐殖酸钠、腐殖酸钙和腐殖酸氮磷等。它们具备农家肥的多种功能，又兼有化肥的某些特点。

（5）细菌肥料。利用能改善植物营养状况的微生物制成的肥料，称为微生物肥料，包括根瘤菌剂和固氮菌剂。通过微生物的活动，把土壤和空气中植物不能直接利用的营养元素，变为植物可吸收的养料。此类肥料具有用量小、成本低、无副作用、效果好的优点。

① 根瘤菌剂。根瘤菌剂是由根瘤细菌制成的生物制剂。施入土壤中后，根瘤菌与豆科植物共生，在根部形成根瘤，能固定大气中的氮素，为豆科植物提供营养。由于根瘤菌的种类不同，与豆科植物共生具有选择性。在使用时，必须选用与该豆科植物相适应的根瘤菌

剂。根瘤菌剂一般用作种肥，每千克菌剂可拌 2.7 公顷地用的种子。

② 固氮菌剂。固氮菌剂是培养奶氧性的自生固氮菌的生物制剂。它能直接将大气中的游离氮素转变为化合态的氮，供植物吸收利用。自生固氮菌在土壤中的固氮能力，常受到土壤湿度、酸碱度和有机质等各种条件的影响。试验表明，固氮菌只有在土壤有机质丰富、酸碱反应中性、湿度适宜等条件下，才能充分发挥固氮作用。固氮菌剂可作基肥、追肥和种肥，一般每公顷基肥用量 75 千克，追肥用量 30 千克左右，拌种用量每公顷只需 15 千克。

15. 如何做到中药材的合理施肥？

（1）以农家肥为主，农家肥、化肥配合。一是在施用农家肥的基础上使用化肥，能够取两者之长，补两者之短，缓急相济，不断提高土壤供肥的能力。二是能提高化肥利用率，克服单一使用化肥的副作用。

（2）以基肥为主，配合施用追肥和种肥。施用基肥，能长期为药用植物提供主要养分，改善土壤结构，提高土壤肥力。因此，基肥用量要大，一般应占总施肥量的一半以上。要以长效的有机肥料为主，配合施用化肥。在施足基肥的基础上，为了满足植物幼苗期或某一时期对养分的大量需要，还应施用种肥和追肥。种肥要用腐熟的优质农家肥和中性、微酸性或微碱性的速效化肥。追肥也多用速效肥料。

（3）以氮肥为主，磷、钾肥配合施用。在植物体内，氮的总量约为干物质的 0.3%～0.5%，磷的总量次之，钾则更少。植物对氮的吸收量一般较多，而土壤中的氮素含量不足。因此，在植物整个生育期中都要注意施用氮肥，尤其是在植物生长前期增施氮肥更为重要。豆科比禾本科植物需氮多，但由于有根瘤菌可以帮助固定空气中的氮素，因此，豆科植物一般可以少施或不施氮肥。在注意施用氮肥的同时，应视药用植物种类和生育期，配合施入磷、钾肥。如为了促进根系发育以及禾本科植物分蘖，用少量速效磷肥拌种；为了使种子积累内源激素，提高种子产量，对留种田开花前应追施磷肥。在密植田配合施用钾肥，能促使茎秆粗壮，防止倒伏。

（4）根据土壤肥力特点施肥。在肥力高，有机质含量多，熟化程度好的土壤，如高产田、村庄附近的肥沃地上，增施氮肥作用较大，增施磷肥效果小，而施用钾肥往往显不出效果。在肥力低、有机肥料用量少、熟化程度差的土壤，如一般低产田，红、黄壤，低洼盐碱地，施用磷肥效果显著，在施磷肥的基础上，施用氮肥，才能发挥氮肥的效果。在中等肥力的土壤上，应氮、磷肥配合施用。

（5）根据土壤性质不同而施肥。在保肥力强而供肥迟的黏质土壤上，应多施有机肥料，结合施加沙子、炉灰渣类，以疏松土壤，创造透水通气条件，并将速效性肥料作种肥和早期追肥，以利提苗发棵。在保肥力弱的沙质地上，也应多施有机肥料，并配合施用塘泥或黏土，增强其保水保肥的能力。追肥应少量多次施用，避免一次施用过多而淋失。两合土壤，即壤土，此类土壤兼有沙土和黏土的优点，是多数中药材栽培最理想的土壤，施肥时，应将有机肥和无机肥相结合，根据栽培品种各生长阶段的需求合理地施用。

（6）根据中药材的品种特性而施肥。中药材的种类和品种不同，在其生长发育不同阶段所需养分的种类、数量以及对养分的吸收强度都不同。① 对于多年生的，特别是地下根茎类中药材，如白芍、大黄、党参、牛膝、牡丹等，施用肥效长的、有利于地下部分生长的肥料，以施用充分腐熟好的有机肥为主，增施磷钾肥，配合施用其他化肥，以满足植物整个生长周期对养分的需要。② 对于全草类中药材可适当增施氮肥；对于花、果实、种子类的中药材则应多施磷、钾肥。

（7）中药材不同的生育阶段，施肥也应有所不同。生育前期多施氮肥，施用量要少，浓度要低：生长中期，用量和浓度应适当增加；生育后期，多用磷、钾肥，促进果实早熟，种子饱满。例如薏苡，在分蘖初期追施氮肥，能促进分蘖早发快发，穗多；在拔节至孕穗期追施氮肥，可促使穗大、粒多、秆硬；在开花前后施用磷肥，能促进籽粒饱满，提早成熟。

（8）根据气候条件施肥。在低肥、干燥的季节和地区，最好施用腐熟的有机肥料，以提高地温和保墒能力，而且肥料要早施、深施，以充分发挥肥效。化学氮肥、磷肥和腐熟的农家肥一起作基肥、种肥和追肥施用，有利于幼苗早发，生长健壮。而在高温、多雨季节和地区，肥料分解快，植物吸收能力强，则应多施迟效肥料，追肥应量少次多，以减少养分流失。

16. 中药材常用的施肥方法有哪些?

（1）撒施。一般是在翻耕前将肥料均匀撒施于地面，然后翻入土中。这是基肥的通常施用方法。

（2）条施和穴施。在药用植物播种或移栽前结合整地做畦，或在生育期中结合中耕除草，采取开沟或开穴的方法施入肥料，则分别称为条施、穴施。这两种方法施肥集中，用肥经济，但对肥料要求较高，需充分腐熟，并捣碎施用。

（3）根外追肥。在植物生长期间，将无机肥料、微量元素肥料等稀释成溶液，结合人工降雨或用喷雾器喷洒在植物的茎叶上的施肥方法，称为根外追肥。此法所需肥料很少，施用及时，效果很好。常用的根外追肥肥料有尿素、过磷酸钙、硫酸锌、硼酸、钼酸铵等。喷施时间以清晨或傍晚为宜，施用浓度要适当，如硼酸用 $0.1\%\sim$ 0.15%，钼酸铵用 0.02% 的浓度比较适宜。

（4）拌种、浸种、浸根、蘸根。在播种或移栽时，用少量的无机肥料或有机、无机混合肥料拌种，或配成溶液浸种、浸根、蘸根，以供植物初期生长的需要。由于肥料与种子或根部直接接触或十分接近，所以在选择肥料和施肥方法时，必须预防肥料对种子可能产生的腐蚀、灼烧和毒害作用。凡是浓度过大的溶液或是强酸、强碱以及会产生高温的肥料，如氨水、未经腐熟的有机肥料等，均不宜用于浸种、浸根、蘸根。常用作种肥的有微生物肥、微量元素肥、腐殖酸类肥以及硫酸铵、草木灰等。

（5）混合施肥。一般化肥和有机肥混合施用，效果更好。但不是所有肥料都可以随便混合使用，应注意肥料的化学性质，酸性和碱性的肥料不能混合施用，如人粪尿或硫酸铵等酸性肥料不能和草木灰等碱性肥料混合施用，氨水不能和硫酸铵、氯化铵等生理酸性肥料混合施用，以免造成氨挥发。

17. 如何进行中药材田间灌排水?

（1）中药材常用的灌水方法。

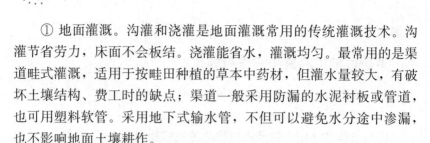

① 地面灌溉。沟灌和浇灌是地面灌溉常用的传统灌溉技术。沟灌节省劳力，床面不会板结。浇灌能省水，灌溉均匀。最常用的是渠道畦式灌溉，适用于按畦田种植的草本中药材，但灌水量较大，有破坏土壤结构、费工时的缺点；渠道一般采用防漏的水泥衬板或管道，也可用塑料软管。采用地下式输水管，不但可以避免水分途中渗漏，也不影响地面土壤耕作。

② 喷灌。喷灌的优点是节约用水，即使土地不平也能均匀灌溉，保持土壤结构，减少田间沟渠，提高土地利用率，省力高效；除供水外还可用于喷药、施肥、调节小气候等。喷灌的缺点是设备一次性投资大，风大地区或风大季节时不宜采用。

③ 滴灌。是一种直接供给过滤水和肥料到园地表层或深层的灌溉方式。它可避免将水洒散或流到垄沟或径流中，可按照要求的方式分布到土壤中供作物根系吸收。滴灌的水是由一个广大的管道网输送到每一棵或几棵作物，所润湿的土壤连成片，即可满足植物对水的要求。滴灌优点比喷灌多，可给根系连续供水，而不破坏土壤结构，土壤水分状况较稳定，更省水、省工，不要求整地，适于各种地势，可连接电脑，实现灌水完全自动化。

（2）中药材种植常用的排水方法。当地下水位高、土壤潮湿，以及雨季雨量集中，田间有积水时，应及时清沟排水，改善土壤通气条件，促进植株生长，以减少植株根部病害，防止烂根。

① 明沟排水。明沟排水是国内外传统的排水方法，即在地面挖敞开的沟排水，主要排地表径流，若挖得深，也可兼排过高的地下水。

② 暗管排水。暗管排水是在地下埋暗管或其他材料，形成地下排水系统，将地下水降到要求的高度的排水方式。

③ 井排。井排是近十几年发展起来的，国外许多国家已应用，分为定水量和定水位两种排水形式。

18. 如何进行中药材的植株管理？

（1）打顶和摘蕾。打顶和摘蕾是利用植物生长的相关性，人为进行植物体内养分的重新分配，促进中药材药用部位生长发育协调统一，从而提高中药材的产量和品质的方法。打顶能破坏植物顶端优势，抑制地上部分生长，促进地下部分生长，或抑制主茎生长，促进分枝，多形成花、果。打顶时间应以中药材的种类和栽培的目的而定，一般宜早不宜迟。

植物在生殖生长阶段，生殖器官是第一"库"，这对以培养根及地下茎为目的的中药材来说是不利的，必须及时摘除花蕾（花薹），抑制其生殖生长，使养分输入地下器官，贮藏起来，从而提高根及根茎类中药材的产量和质量。摘蕾的时间与次数取决于现蕾持续的时间，一般宜早不宜迟。如牛膝、玄参等在现蕾前剪掉花序和顶部；白术、云木香等的花蕾与叶片接近，不便操作，可在抽出花枝时再摘除；而地黄、丹参等花期不一致，摘蕾工作应分批进行。打顶和摘蕾都要注意保护植株，不能损伤茎叶，牵动根部。要选晴天上午9时以后进行，不宜在有露水时进行，以免引起伤口腐烂，感染病害，影响植株生长。

（2）整枝修剪。修剪包括修枝和修根。如栝楼主蔓开花结果迟，侧蔓开花结果早，因此，要摘除主蔓，留侧蔓，以利增产。修根只宜在少数以根入药的植物中应用。修根的目的是促进这些植物的主根生长肥大，以及符合药用品质和规格要求。如乌头除去其过多的侧根、块根，使留下的块根增长肥大，以利加工；芍药除去侧根，使主根肥大，增加产量。

（3）支架。栽培的药用藤本植物需要设立支架，以便牵引藤蔓上架，增大叶片受光面积，增加光合产量，并使株间空气流通，降低湿度，减少病虫害的发生。对于株型较大的药用藤本植物，如栝楼、绞股蓝等应搭设棚架，使藤蔓均匀分布在棚架上，以便多开花结果；对于株型较小的，如天冬、党参、山药等，一般只需在株旁立架牵引。

生产实践证明，凡设立支架的药用藤本植物比伏地生长的产量增长1倍以上，有的还高达3倍。因此，设立支架是促进药用藤本植物增产的一项重要措施。设立支架要及时，过晚则植株长大互相缠绕，牵引植物不仅费工，而且对其生长不利，影响产量。设立支

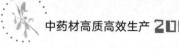

架要因地制宜，因陋就简，以便少占地面，节约材料，降低生产成本。

19. 中药材病虫草害发生有哪些特点？

病虫草害的发生是由特定的气候、土壤等生态条件及人们的栽培习惯等多重因素综合决定的。由于中药材相较于大田作物有其独特的生物学特性，中药材种植要求中的生态条件和管理技术有其特殊性，因此，也决定了其病虫草害的发生与一般农作物相比，既有共通性也有独特性。

（1）病虫草种类繁多、构成复杂，易形成特定种类。中药材在特定的地区和环境条件下，加上人们栽培习惯的选择，使各种病虫草害和寄主、伴生生物等形成了复杂的生态系统。在这个生态环境中，由于逐年的积累和适应，病虫草害发生的种类繁多、构成复杂。害虫既有单食性和寡食性，也有多食性的；病害有危害根、茎、叶的，也有系统性发生的；杂草有一年生、两年生的，也有多年生的；有宿根性的，也有种子或营养体繁殖的。而且由于各种药用植物本身含有特殊的化学成分，决定了某些特殊害虫喜食或趋向于在这些植物上产卵；一些在野生生态环境中发生的病害或伴生杂草，会在种植地块发展成优势种。

（2）病虫草害的发生整体比较平稳。由于长期人为栽培管理和自然选择，相应的中药材会产生相对平衡的病虫草害发生群体，这是中药材、病虫草害和环境条件相互作用的结果。由于各种因素长期相互适应、相互制约，其生态系统有相对稳定性，具体表现为病虫草害的发生种类和危害程度也相对比较平稳。

（3）特定的条件变化易引起某种病虫草害的暴发危害。不同于常规粮食作物的大面积、连续性种植，相对而言，中药材种植范围、时间有其非延续性。而中药材病虫草害种类繁多，当种植种类、面积或气候条件发生变化时，很容易造成某一种或一类病虫草害的大发生。当种植结构调整，如大规模集中种植柴胡时，很容易造成柴胡宽蛾、赤条蝽等害虫的暴发性成灾，尤其对柴胡繁种田会造成严重危害。遇特殊年份，阴雨天气较多、降水量加大，中药材的根腐病发生往往加重。

（4）世代重叠现象严重。由于病虫草害的发生期长，同一时期内，在一个地区可同时出现同一种病虫草害的不同生育期，形成世代间重叠的现象。对于杂食性害虫和多寄主病菌来说，多种寄主的并存给这些病虫提供了充足的食物资源和侵染发病的机会，而由于环境条件包括食物条件等的差异，造成病虫发育期不一致，就会出现世代重叠现象；有些害虫（如蚜虫）世代周期短，繁殖快，更容易形成世代重叠现象；杂草种子发芽不一致，往往一次降水（或灌水）生出一批杂草，也会造成田间各个生育期的杂草同时存在。

20. 中药材病虫草害综合防治策略及基本原则是什么？

中药材病虫草害的综合防治策略就是从中药材与生态环境系统的整体观点出发，以预防为主、综合防治的指导思想，按照"安全、有效、稳定、可控"的发展方针，因地制宜地运用检疫、农业、生物、化学、物理机械等多种方法，创造有利于中药材和天敌生物生存而不利于病虫草害发生的条件，提高中药材自身的抗逆性，把病虫草害的危害控制在经济阈值之下，以达到高产、高效、安全的目的。

中药材病虫草害综合防治的基本原则就是以农业防治和物理防治为基础，加强植物检疫和生物防治，辅以化学防治，将病虫草害的危害控制在经济阈值以下。以下是病虫草害综合防治的五大基本原则：

（1）植物检疫。繁殖材料带有危险性病虫草是引起中药材病虫草害发生的重要途径。因此，对引进的中药材种子等繁殖材料及其包装用品要做好检疫和消毒工作，防止新的病虫种类从外地传入。各地应建立无检疫性病虫草的繁种基地，以满足本地区生产和外地调种的需要，防止危险性病虫草害的蔓延。

（2）农业防治。农业防治是通过调整栽培技术措施控制病虫草害发生。其主要方式有：①合理轮作和间作。多数中药材忌连作，不同科属的中药材或与其他作物轮作和间作，可减轻病虫草危害。②清洁田园。清除杂草和作物秸秆，将其烧掉或深埋处理，有效减少病虫草害发生。③冬前深翻。通过深翻晾晒，破坏病虫害的越冬场所，杀灭部分病虫源，达到防治病虫害的目的。

（3）生物防治。中药材病虫害的生物防治是解决中药材免受农药污染的有效途径。利用天敌昆虫，如螳螂、草蛉幼虫、步甲、食蚜蝇和各种寄生蜂等，控制害虫的发生密度，减轻危害；应用苏云金杆菌、白僵菌、绿僵菌等防治害虫；还有植物源农药的应用，已经成为中药材病虫草害综合防治的主要措施之一。

（4）物理防治。包括用温度、光、电磁波、超声波等方法防治病虫害。如用温汤浸种可防薏苡黑粉病和地黄线虫病；夜晚用不同波长和颜色的灯光可诱杀某些鳞翅目成虫和金龟子等；利用蚜虫的趋性，在田间挂黄色粘虫板等。

（5）化学防治。化学防治仍然是中药材病虫草害防治的重要补充手段。但是由于污染、残留、抗性等问题，化学防治方法能不用尽量不用，能少用药尽量少用。在使用中一定要按要求科学合理使用，严格遵守适用范围、使用浓度、安全间隔期等要求。

21. 中药材生产中禁止使用的农药有哪些？

目前，中药材生产上国家明令禁止和不得使用的农药有以下几种：六六六、滴滴涕、毒杀芬、二溴氯丙烷、杀虫脒、二溴乙烷、除草醚、艾氏剂、狄氏剂、汞制剂、砷类、铅类、敌枯双、氟乙酰胺、甘氟、毒鼠强、氟乙酸钠、毒鼠硅、甲胺磷、对硫磷（1605）、甲基对硫磷（甲基1605）、久效磷、磷胺、苯线磷、地虫硫磷、甲基硫环磷、磷化钙、磷化镁、磷化锌、硫线磷、蝇毒磷、治螟磷、特丁硫磷、氯磺隆、甲磺隆、胺苯磺隆、福美肿、福美甲肿、三氯杀螨醇、硫丹、氟虫胺、甲拌磷、甲基异柳磷、内吸磷、克百威、涕灭威、灭线磷、硫环磷、氯唑磷、氟虫腈、百草枯、溴甲烷、乙酰甲胺磷、丁硫克百威、乐果。

22. 中药材种植如何科学合理使用农药？

病虫草害的化学防治见效快、效果好，但是存在农残超标、引起药害、产生抗药性等风险，因此，科学合理使用农药是保证中药材品质和质量安全的关键。

（1）选择高效、低毒、低残留的农药。严禁使用国家明令禁止或不得在中药材生产上使用的农药品种，选择符合中药材生产技术规程的高效、低毒、低残留农药。

（2）科学选择农药品种。根据病虫草害发生的不同种类、不同程度，科学选择不同的农药品种。

（3）把握好用药时机。害虫幼龄时对药剂敏感，3龄后抗药性明显增强，因此，杀虫剂最好在害虫3龄前施药；对钻蛀类害虫一定要在钻蛀前用药。

（4）选好喷药时间。夏季高温时，喷药要避开一天的高温时间，高温天气易引发药害和人员中毒；选择晴暖天气打药，不能在雨后或降雨来临前打药，否则影响药效。

（5）严格掌握用药浓度和用量。遵循农药安全间隔期，避免和减少中药材的农药残留，保证中药材及其加工品中的农药残留量低于联合国粮农组织（FAO）、世界卫生组织（WHO）或我国规定的允许标准。

23. 中药材生产中如何防除田间杂草？

杂草出苗早，出苗时间不一致，生长速度快，也是病虫滋生的栖息场所或中间寄主。杂草防除是中药材田间管理的一项重要内容，也是生产中的一个难题。常见的杂草防除方法有人工除草、机械除草和化学除草等，此外还有轮作倒茬、水旱轮作等农业技术措施。目前，生产上杂草防除方法以人工除草为主，辅以化学除草或机械除草。

人工除草一般结合中耕锄划进行。一般一年进行3次除草。第一次在中药材封垄前进行，主要防除春季出土的杂草，保证中药材苗期或返青期生长不受影响；第二次在雨季或夏季进行，主要防除雨季出苗的杂草，以免降水充沛形成草害，影响中药材生长。夏季除草要根据杂草的发生情况决定除草次数，如果杂草发生严重，可增加1次锄划除草；如果中药材封垄后，其株高优势可对杂草的生长形成有效抑制，实现中药材和杂草共生的动态平衡，则不必中耕除草，只将田间零星的大草人工拔除即可。对翌年继续生长的中药材，10月下旬至

11月上旬进行1次冬前除草。这一次除草主要解决冬前出土的田间杂草，保证翌年春天不出现草害，有利于来年中药材的返青生长，同时中耕锄草有利于土壤保墒，预防冻害的发生。

化学除草不仅可以节省劳力，降低成本，还能提高生产率，但是存在药害和农残等风险。因此，可以作为人工除草和机械除草的一个补充方法。

24. 植物类中药材如何确定最佳采收期？

我国中药材野生资源丰富，不同品种的采收期也不一样。唐代药王孙思邈曾在《千金翼方》中指出"夫药采收不知时节，不知阴干曝干，虽有药名，终无药实，不以时采收，与朽木无殊，虚费人工，卒无裨益"，华北地区"三月茵陈四月蒿，五月六月当柴烧"的谚语，也说明了适时采收的重要性。中药材的采收期直接影响着药材产量、品质和收获效率，一般是按照药用部位不同确定最佳采收期。

（1）根、根茎类。多在秋后至入春前完成采收，此时植株完成年生育周期，进入休眠期，地上枝叶枯萎，根或根茎生长充实，营养物质贮藏较为丰富，有效成分的含量最高，药材质量也较好。但也有例外，如防风、党参需在开春积雪融化后，土地解冻时采收为宜，过早采收则药材品质较差，因防风春天采收质量较好，故有"春防风、秋桔梗"之说。

（2）全草类。该类药材多在现蕾或初花期采收。现蕾前植株正进入旺盛生长阶段，营养物质仍在不断积累，植物组织幼嫩，此时采收，产量、品质和加工折干率都比较低。盛花期或果期，植物体内的营养物质已被大量消耗，此时采收其产量与品质也会降低。

（3）皮类。该类药材适于在植株生长期采收，通常此时植物体内水分、养分转运旺盛，形成层细胞分裂速率较快，皮部与木质部易分离，相对比较容易进行剥皮加工，同时由于表皮内含液汁多，便于高温"发汗"、干燥。相反，若在休眠期采收，常常由于皮部与木质部紧紧粘连而无法剥离，或者剥皮不完整。由于皮类多为木本植物，采收时还应考虑树皮的厚度是否达到取材要求。如厚朴用药货源紧张时，曾出现过乱砍滥伐的现象，生长年限较短的厚朴树被砍伐，由于树皮很薄，既达不到药用要求，又浪费药物资源。

（4）叶类。一般在叶色深绿、叶肉肥厚、叶片有效成分含量高时采收。采收过早，叶片还在生长，有效成分积累较少；过晚，叶片生长停滞，叶片质地变黄变老，有效成分含量降低，产量不高。如荷叶在花含苞欲放或盛开时采收，干燥后色绿，质地较厚，清香味浓烈，药材品质较好；大青叶如果田间管理较好，可在 6 月中旬、8 月下旬和收获根部时，分别割下地上部，选择适合的叶片入药。

（5）花类。以花蕾、花朵、花序、柱头和花粉等入药的中药材植物，采收时均应注意花的色泽和开放程度。如红花初放时，花是淡黄色，所含成分主要为无色的新红花苷及微量的红花苷；花深黄色时，主要含红花苷；花橘红色时，则主要含有红花苷及醌式红花苷；金银花应在花蕾膨大变白色时采收，且要一次性晒干，不宜翻动。

（6）果实类。以干果类入药的，则需在果实膨大停滞、果壳变硬、颜色褪绿、呈固有色泽时采收，如薏苡仁、连翘等。以幼果入药的，多在 5—6 月收获，如枳实、青皮、藏青果；以近成熟果实入药的，一般在 7—10 月开始收获，如连翘、栝楼、山楂等。

（7）种子类。一般在完成一个世代周期，果皮呈完全成熟色泽、种子干物质积累已近停止、达到一定硬度、并呈现固有色泽时采收，此时采收有效成分含量最高。若采收过早，种子水分含量高，加工折干率低，种子产量和品质也偏低，甚至呈瘪粒，干燥后种皮皱缩严重；若采收过迟，种子易脱落，造成产量损失。长日照药材植物，多在 5 月至 7 月上旬采收，如王不留行等；短日照药材植物和多年生药材植物，多在 8—10 月采收，如芡实等。

25. 植物类中药材常用的采收方法有哪些？

不同的药用部位，采收方法也不同。采收方法恰当与否，直接影响了药材产量的高低和品质的优劣。

（1）挖掘。适用于收获以根或地下茎入药的药用植物。挖掘要在土壤含水量适宜时进行，若土壤过湿或过干，不但不利于采挖根或地下茎，而且费时费力，容易损伤地下药用部分，降低药材的品质与产量，若未得到及时加工干燥，还会引起药材霉烂变质。

（2）收割。用于收获全草类、花类、果实类、种子类，并且成熟度较一致的草本药用植物。应根据入药部位，或割取全株，或只割取其花序或果穗。有的全草类可一年采收两次或多次，在第一、二次收割时应注意留茬，以利于新植株的萌发，保证下次产量，如薄荷、瞿麦等。花、果实和种子等的采收，亦因种类不同区别对待。

（3）采摘。因药用植物果实、种子和花的采摘时机不同，因此需分批采摘，才能保证其产量与品质，如辛夷花、菊花、金银花等。在采摘果实、种子或花时，应注意保护植株，保证其能继续生长发育，避免损伤未成熟的部分；同时，采收时也不要遗漏，以免药材过度成熟而发生脱落、枯萎、衰老变质等。

（4）击落。对于树体高大的木本或藤本植物，且以果实、种子入药的，收获时多以器械击落而收集，如胡桃等药材。击落时最好在植物体下垫上草席、布围等，以便收集和减少损失，同时也要尽量减少对植物体的损伤或其他危害。另外，有一些药材如佛手、连翘、栀子等，由于果实、种子个体较大，或者枝条易折断等原因，尽管成熟度较为一致，但也不建议用击落的方法采收。

（5）剥离。以树皮或根皮入药的药用植物采收时常用此法，如黄柏、厚朴、杜仲、牡丹皮等。树皮和根皮的剥离方法略有不同。树皮的剥离方法又分为砍树剥皮、活树剥皮、砍枝剥皮和活树环状剥皮等。灌木或草本根部较细时，剥离时应用刀顺根纵切根皮，将根皮剥离；另一种方法用木棒轻轻锤打根部，使根皮与木质部分离，然后抽去或剔除木质部，如牡丹皮、地骨皮和远志等。

（6）割伤。以树脂类入药的药用植物，如安息香、松香、漆树等，常采用割伤树干收集树脂的采收方法。一般是在树干上凿倒三角形伤口，以便于树脂从伤口渗出，流入事先准备好的容器中收集起来，经过加工后即成药材。

除此之外，中药材人工采收费时、费工、费力，特别是目前劳动力紧张且费用很高，研究和应用中药材采收机械既能解决劳动力紧张问题，还能大大降低生产成本，是中药材规模化采收的发展方向。目前生产中应用最多的是根茎类药材的收刨机械，主要应用于牛膝、黄芪、桔梗、白芷、丹参、地黄、木香、北沙参、知母等药材的采收上。收刨时所用农机功率大于 55 千瓦，由具有爬行挡的大型拖拉机牵引，翻土深度可达 40 厘米以上，每台每天可以收刨 20～30 亩*中药材。此外，还有收刨浅根中药材如旱半夏、天南星的大轮筛机械，将生长在 5～10 厘米土层的地下球茎连土带药材用铁锹起出，放到大轮筛机械中随大轮筛转动筛出，较人工收刨省力、快捷，且收获率高。

26. 中药材采收和初加工应注意哪些问题？

（1）采收机械、器具应保持清洁、无污染，存放在无虫鼠害和禽畜的干燥场所。

（2）采收及初加工过程中应尽可能排除非药用部分及异物，特别是杂草及有毒物质，剔除破损、腐烂变质的部分。

（3）药用部分采收后，经过拣选、清洗、切制或修整等适宜的加工，需干燥的药材应采用适宜的方法和技术迅速干燥，并控制温度和湿度，使中药材不受污染，有效成分不被破坏。

（4）鲜用药材可采用冷藏、沙藏、罐贮、生物保鲜等适宜的保鲜方法，尽可能不使用保鲜剂和防腐剂。如必须使用时，应符合国家对其使用的有关规定。

（5）加工场地应清洁、通风，具有遮阳、防雨和防鼠、虫及禽畜的设施。

（6）道地药材应按传统方法进行加工。如有改动，应提供充分试验数据，不得影响药材质量。

27. 中药材包装前如何处理？

中药材的包装可有效隔离外界条件，最大限度减少外界对药材质量的影响，避免其受到污染、变质和混杂，避免流通过程中散落、碰撞和摩擦等情况，以免造成损耗或损失。

（1）检查药材是否符合《中华人民共和国药典》的要求，若含有非入药部位，如芦头、残茎、须根、外皮、木心等，一般在产地初加工时去除，并确保处理干净。如毛知母一定要把须根去掉；干燥全草

---

* 亩为非法定计量单位，1 亩＝1/15 公顷。——编者注

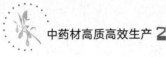

分带根和不带根两种形式，如荆芥就是去掉根部的地上全草。

（2）进行干燥处理，水分含量达到《中华人民共和国药典》要求。水分是影响中药材质量的重要因素之一，含水量超标不仅能导致部分药材中有效成分发生改变，而且易发热，引起药材发霉和变质。一般情况下，根茎类、果实种子类、全草类、花类、叶类、皮类药材的含水量应控制在7%～13%，菌藻类药材为5%～10%。

（3）划分等级。根据入药部位的形态、大小、粗细等制订出若干标准，每一标准即为一个等级。通常情况下，品质最佳者为一等，较佳者为二等，最次者为末等，按等级要求分类后再进行包装。如人参每千克30支以内为一等，48支以内为二等，64支以内为三等，80支以内为四等，80支以外为五等。有些药材好次差异不大或品质基本一致，则不用分规格、等级，列为统货。

28. 中药材对贮藏管理有哪些要求？

（1）对仓库的要求：①地板和墙壁应具有隔热、防湿的功能，以保持室内干燥，减少库内温度变化；②通风性能良好，可散发中药材自身产生的热量，保持库内干燥；③密闭性好，能抵抗昆虫、鼠的侵害。

（2）贮藏管理重点做好三方面的工作：①水分控制。中药材贮藏过程中若不严格控制水分，药材容易发生霉烂变质，造成损失。因此，控制水分是药材贮藏的关键，药材入库前要确保水分符合相关要求。由于木炭具有吸湿性，吸湿量可达本身重量的10%～12%，同时还具有无污染的特点，因此，在贮藏药材的封闭库内可放入适量木炭。②虫害控制。在满足通风、干燥等基本条件下，中药贮藏中虫蛀现象仍普遍存在，对药材的危害也较大，因此，虫害防治是药材贮藏工作中的重点、难点。通常采用的做法是在密闭条件下，人为调整库内空气组成，打造一个低氧的环境，从而达到抑制害虫和微生物生长繁殖的目的，同时中药材还可减少自身的氧化反应，保持药材的高品质。这种方法不仅能保持药材原有的色泽和气味，而且操作安全、无公害、适用范围广，对不同质地和成分的中药均可使用。③定期检查。安排专人半月检查1次库房，看药材是否发热、发霉、走油、虫蛀等，一旦发现，及时处理。

二、各种名优中药材生产关键技术

（一）荆芥

29. 种植荆芥如何选地、整地？

（1）选地。种植荆芥的气候环境以湿润为佳。种子出苗期要求土壤湿润，切忌干旱和积水；幼苗期喜稍湿润环境，又怕雨水过多和积水；成苗期喜较干燥的环境，雨水多则生长不良。土壤以较肥沃湿润、排水良好、质地为轻壤至中壤的为好，如沙壤土、油沙土、潮沙泥、夹沙泥等。在黏重的土壤和易干燥的粗沙土、冷沙土等上生长，均生长不良。以日照充足的向阳平坦、排水良好或排灌方便的地方生长为好。低洼积水、荫蔽的地方不宜种植。忌连作，前作以玉米、花生、棉花、甘薯等为好，麦类作物亦可。

（2）整地。整地必须细致，才利于出苗。因播种较密，后期施肥不便，所以整地前宜多施基肥，每亩施腐熟有机肥 1 500～2 000 千克，撒布地面。耕地深 25 厘米左右，反复细耙，务必使土块细碎，土面平整，然后做畦。

30. 荆芥怎么播种？

荆芥种子细小，播后最怕土壤干旱和大雨天气。要选择土壤墒情好时播种，播种不宜过深，一般在 0.6～1 厘米，稍镇压后立即浇水；如不能浇水，要密切关注天气预报，一般应在雨前播种。

（1）撒播法。将种子与草木灰混合，均匀撒在畦上，然后加以镇压。

（2）穴播法。按行距 20 厘米、穴距 15～20 厘米挖穴，穴深 0.5～1厘米，将种子播于穴内，覆土镇压。

（3）条播法。行距 20 厘米，沟深 0.5～1 厘米，将种子播于沟内，覆土镇压，浇水湿润。每亩用种 1～1.5 千克。

31. 荆芥的田间管理要点有哪些？

（1）间苗补苗。及时间苗、定苗，以免幼苗生长过密，发育纤细柔弱。当苗高 7～10 厘米时定苗，条播 7～10 厘米留苗 1 株，若有缺苗，用间出的苗补齐；穴播每隔 15～20 厘米留苗 1 丛（3～4 株）；撒播的田块，保持株距 10～13 厘米，如有缺苗，以间出的苗补齐。

（2）中耕除草。结合间苗、定苗进行中耕除草。第一次只浅锄表土，避免压倒幼苗；第二次可以稍深；以后视土壤是否板结和杂草多少，再中耕除草 1～2 次，并稍培土于基部，保肥固苗。

（3）施肥。荆芥需要氮肥较多，为了使秆壮穗多，播种前要施足底肥，生长期适当施用磷钾肥。6—8 月于行间开沟追肥 1～2 次，每次每亩施氮磷钾复合肥 10 千克，施后覆盖培土。

（4）灌溉排水。幼苗期间需要水分较多，土壤干燥时须及时浇水；成株后抗旱力增强，最忌水涝，如雨水过多，须及时排除积水，以免引起病害。

32. 如何防治荆芥病害？

荆芥的主要病害是茎枯病和立枯病。茎枯病主要危害茎、叶、叶柄和花穗，以危害茎秆损失最重。茎秆受害后先呈水渍状病斑，扩大环绕茎秆，出现一段褐色枯茎，病茎以上枝叶萎蔫而枯死。病叶呈水烫状，病穗枯黄色、不能开花而十枯。苗期受害而致大片植株倒伏死亡。病菌在残株上越冬，为翌年初次侵染源。立枯病主要危害茎基部，发病初期苗的茎部发生褐色水渍状小黑点，后扩大，呈褐色；发病后期茎基部发生褐色斑点，收缩，腐烂，最后全株倒伏枯死。荆芥立枯病发生在 5—6 月，低温多雨、土壤潮湿时易发生。

防治方法：①农业防治。与禾本科作物轮作；苗期加强中耕，雨后及时排水。发病初期，及时拔除病株，用生石灰封穴。②药剂防治。发病初期，用 95％噁霉灵可湿性粉剂 4 000～5 000 倍液，或 75％代森锰锌络合物 800 倍液、20％灭锈胺乳油 150～200 倍液、70％甲基硫菌灵可湿性粉剂 800 倍液、50％多菌灵可湿性粉剂 600 倍液喷雾防治，一般 7～10 天用药 1 次，连续用 2～3 次；或用 50％异菌脲可湿性粉剂加 50％多菌灵可湿性粉剂 2 000 倍液顺行灌根。

33. 如何防治荆芥田内的主要杂草菟丝子？

菟丝子是荆芥田内一种主要的高等寄生性种子植物，属旋花科菟丝子属，不仅危害荆芥，还危害牛膝、柴胡、黄芩、桔梗、丹参等多种药用植物。受害植物植株生长衰弱、叶片变黄、严重者枯死。

防治方法：

（1）播前筛选种子，清除混入荆芥种子内的菟丝子的种子。

（2）在菟丝子危害严重的地块，可将荆芥与禾本科作物轮作，并结合深耕整地，将菟丝子种子深埋。

（3）使用的有机肥，一定要高温腐熟处理，以消灭其中的菟丝子种子。

（4）浅锄地表，破坏幼苗。在上一年发生菟丝子严重地块，当其出苗时，浅锄地表，减轻其危害。

（5）拔除田间发病株。在荆芥生长期要经常巡查田间，发现菟丝子量少时，可人工摘除；量大且严重时，应在菟丝子开花前连同荆芥一起拔掉并带出地外深埋。保证清除彻底，以防留下部分短茎，仍会继续蔓延危害。

34. 荆芥如何采收与产地加工？

夏、秋两季荆芥，花开到顶部，穗绿时采割（彩图 1）。采收过晚，茎穗变黄，影响药品质量。春播者，当年 8—9 月采收；夏播者，当年 10 月采收。

采收时选择晴天，从距地面 3～5 厘米处割取地上部分，运回摊放于晒场上，当天晒燥，否则穗色易变黑；当晒至半干，捆成小把，再晒至全干；或晒至七八成干时，收集于通风处，茎基着地，相互搭架，继续阴干；或在晒至半干时，将荆芥穗剪下，荆芥穗与荆秆分别晒干。干燥的荆芥应打包成捆，或切成长度 5 厘米左右的小段，然后装袋，每捆或每袋 50 千克左右。若遇雨季或阴天采收，不能晒干，可用无烟火烘烤，但温度须控制在 40 ℃以下，不宜用大火，否则易使荆芥香气散失。

（二）牛膝

35. 牛膝生产中的品种类型有哪些？

牛膝为苋科多年生草本植物牛膝和川牛膝的干燥根，具有散瘀血、消痈肿的功效。华北种植的牛膝品种类型有京牛膝、赤峰牛膝、怀牛膝等；在生产上有风筝棵、核桃纹、白牛膝等农家品种，其中风筝棵又包括小疙瘩、大疙瘩两个类型，目前除白牛膝外，其他 2 个品种均为产区种植的主要品种。各地在种植时应选择适宜的品种类型。

（1）小疙瘩风筝棵。株型较松散，根圆柱形，芦头细小，中部粗，侧根较多，主根粗长，外皮土黄色，断面白色。茎紫色有黄红色条纹，叶片椭圆形或卵状披针形，较平。易出现旺长的现象，产量、等级高，条形好。

（2）大疙瘩风筝棵。芦头粗大，主根粗壮，向下逐渐变细，中间不粗，形似猪尾巴。其余特征同小疙瘩。易出现旺长的现象，产量、等级高，条形好。

（3）核桃纹。株型紧凑，根圆柱形，芦头细小，中部粗，侧根少，主根均匀，外皮土黄色，断面白色。茎紫色有黄红色条纹，叶片圆形，多皱，叶脉分布似核桃纹。生长发育较稳定，不易出现旺长的现象，产量、等级高，条形好。

（4）白牛膝。根圆柱形，芦头细小，中部粗，侧根少，土根均匀，根短，外皮白色，断面白色。茎青色，叶片圆形或椭圆形。此品种在产区只是零星种植。

36. 种植牛膝如何选地、整地？

（1）选地。牛膝系深根作物，宜选择地势向阳、土层深厚肥沃、排水良好的沙质壤土种植，重黏土、盐碱地及洼地不宜种植。与大多数药用植物有连作障碍不同，牛膝可接茬连作，或前茬以小麦、玉米等禾本科作物为宜，前茬为豆类、花生、山药、甘薯的地块不宜种植牛膝。

（2）整地。选好地后，先进行深耕，然后施足底肥，每亩施有机肥 3 000～4 000 千克，并加入 25～40 千克过磷酸钙和 100 千克饼肥，然后深耕 30 厘米，耕后耙细、耙实，使肥料均匀，以利保肥保墒。土地整平后做畦，畦宽 1.8～2 米。

37. 牛膝如何种植？

牛膝主要用种子繁殖。牛膝的种子发芽率与生长年限密切相关。

（1）选育良种。牛膝收获前，在田间选择高矮中等、分枝密集、叶片肥大、无病虫害的植株作为留种母株。收获时，从留种母株中选取根条长直、上下粗细均匀，主根下部支根少、色黄白、芦头不超过 3 个根头的根条作种根。然后，再将选取的根条从上部 15 厘米处剪断，上部作种根，下部供药用，并将种根混沙贮藏于地窖内。翌年春季 4 月上旬，在整好的种子地里按株行距 35 厘米挖穴，每穴栽入 3 根，按"品"字形排入穴内。栽后覆盖细土，压紧，加强田间管理，培育至秋后，当果实由青变为黄褐色时，割下果枝，晒干脱粒，去除杂质晾干后，将种子收入布袋，置于阴凉干燥处保存。

（2）适期播种。一般采用大田直播方法，可以人工播种，也可以用药材精量播种机进行播种。牛膝播种适期为 6 月下旬至 7 月中旬。每亩用种量 2～3 千克。顺畦按行距 15～20 厘米开 1～1.5 厘米深的浅沟，将种子均匀地撒入沟内，覆土不超过 1 厘米，播后浇水，6～8 天出苗。

38. 如何做好牛膝田间管理？

（1）苗期管理。牛膝幼苗怕高温，苗期遇高温可用井水浇 1 次，以降低地温。苗期注意松土，宜浅锄疏松表土，当苗高 5～10 厘米时，拔除田间杂草，结合除草进行定苗，株距 3～5 厘米；定苗时去除小苗及高苗，留大小一致的苗；同时可以补苗，在幼苗密集处起出小苗，补栽到缺苗断垄处，补苗用小铲子带土起苗，栽好压实后，浇水。

(2) 肥水管理。牛膝追肥应视苗生长情况而定，在施足底肥的情况下，于8月中下旬牛膝根伸长增粗期，每亩追施氮磷钾复合肥50千克。牛膝怕涝，大雨后田间积水要及时排水，防止沤根烂根。

(3) 割梢。在牛膝茎叶生长过旺的地块，可以采取割梢的方法控制旺长。苗高40～50厘米时用镰刀割去牛膝上部的10厘米，促使根部伸长膨大。

39. 牛膝主要病虫害有哪些？如何防治？

生产中牛膝的病害主要有叶斑病、根腐病、白锈病；主要害虫有棉红蜘蛛、银纹夜蛾等。

(1) 叶斑病。又称细菌性黑斑病。主要危害叶片和叶柄。叶片染病初期，在叶面上生有许多水渍状、暗绿色圆形至多角形小斑点，后来逐渐扩大，在叶脉间形成褐色至黑褐色多角形斑，叶柄干枯略微卷缩，严重时整个叶片变成灰褐色枯萎死亡。

防治方法：①农业防治。实行合理轮作，可与禾本科作物实行两年以上的轮作。②药剂防治。发病初期用50%多菌灵可湿性粉剂600倍液，或70%甲基硫菌灵可湿性粉剂1 000倍液，或75%代森锰锌络合物800倍液，或25%咪鲜胺可湿性粉剂1 000倍液等喷雾防治，可轮换用药，7～10天用1次，连续用2～3次。

(2) 根腐病。在雨季或低洼积水处易发病。发病后叶片枯黄，生长停止，根部变褐色，水渍状，逐渐腐烂，最后枯死（彩图2）。

防治方法：①农业防治。合理施肥，提高植株抗病力；注意排水，并选择地势高燥的地块种植；合理轮作，与禾本科作物实行3～5年轮作；发现病株应及时剔除，并携出田外深埋或焚烧。②药剂防治。发病初期用50%多菌灵或70%甲基硫菌灵可湿性粉剂800倍液，或75%代森锰锌络合物800倍液，或30%噁霉灵＋25%咪鲜胺按1∶1复配1 000倍液，7天喷灌1次，最少连续喷灌3次。

(3) 白锈病。该病在春秋低温多雨时容易发生。主要危害叶片，在叶片背面引起白色孢状病斑，稍隆起，外表光亮，破裂后散出粉状物。

防治方法：①农业防治。收获后清园，集中烧毁或深埋病株；合理施肥，提高植株抗病力。②药剂防治。发病初期喷50％多菌灵可湿性粉剂600倍液，80％代森锰锌络合物可湿性粉剂600～800倍液，或用70％甲基硫菌灵可湿性粉剂800倍液；发病后可选用10％苯醚甲环唑水分散颗粒剂1 500倍液，40％氟硅唑乳油5 000倍液，40％咯菌腈可湿性粉剂3 000倍液等，每7～10天喷1次，连续喷雾2～3次。

（4）棉红蜘蛛。危害叶片，使叶片出现黄白色斑点，扩展后，全叶黄褐失绿，直至干枯脱落。每年10月中下旬后，成虫集于枯叶、草根等处越冬。

防治方法：冬季可清洁田园，消灭越冬害虫。发生初期用1.8％阿维菌素乳油2 000倍液，15％哒螨灵可湿性粉剂1 000倍液等喷雾防治。

（5）银纹夜蛾。幼虫咬食叶片，使叶片呈现孔洞或缺刻。

防治方法：①农业防治。在苗期幼虫发生期，利用幼虫的假死性进行人工捕杀。②生物防治。在低龄幼虫期用0.36％苦参碱水剂800倍液，或1.1％烟碱1 000倍液，或24％虫酰肼1 000～1 500倍液喷雾防治，7天喷1次，防治2～3次。③药剂防治。用3％甲氨基阿维菌素苯甲酸盐乳油2 000倍液，或10％联苯菊酯乳油1 000倍液，或50％辛硫磷乳油1 000倍液喷雾防治，7天喷1次，连续防治2～3次。

（6）菟丝子。一种寄生性种子植物。它以线形黄色茎蔓绕于寄主上，并生吸根，吸取寄主体内营养和水分。发生严重时将寄主全部笼罩，使植物黄化、生长不良，降低药用品质。以种子落入土中或混杂于寄主种子内传播。多在土壤潮湿、耕作粗放、杂草较多的田地发生严重（彩图3）。

防治方法：①加强栽培管理。可与禾本科作物进行轮作或耕作时深翻，将菟丝子种子深埋土中使之不能发芽出土，（一般埋于土中3厘米以下便难于出土）；②人工铲除。春末夏初发现菟丝子时及时拔除，于其开花前铲除，或连同寄主受害部分一起剪除，由于其断茎有发育成新株的能力，故剪除必须彻底，剪下的茎段不可随意丢弃，应晒干并烧毁，以免再传播。在菟丝子发生普遍的地方，应在种子未成熟前彻底拔除，以免成熟种子落地，增加翌年侵染源。

40. 牛膝如何采收和加工？

（1）采收。夏播牛膝在当年霜降后，地上部分枯萎后进行采收，秋播宜在翌年未萌动前采收。这样采收的牛膝根加工后质坚、色白、产量高。采收时，先将地上茎叶割除，留茬3厘米左右，从畦的一端起槽采挖，依次往前挖，采挖时小心不要损伤和折断根部，保证块根完整。

（2）加工。牛膝采挖后先抖去泥沙，除去毛须、侧根，按粗细大小分开；然后理直根条，每10根扎成一把，暴晒，晒至八九成干时，取回，堆积于通风干燥的室内，盖上草席，进行"发汗"，两天后再取出晒至全干，剪除过长的枝干，留芦头1厘米。

（三）薄荷

41. 种植薄荷如何选地、整地？

（1）选地。薄荷对温度适应能力较强，能耐低温。对水分的要求先高后低，苗期至分枝期土壤要保持一定的湿度，封垄后土壤湿度相对减少，尤其注意在收割前要求无雨，才有利于高产。薄荷对土壤的要求不严格，除过沙、过黏、碱性以及低洼排水不良的土壤外，一般土壤均可种植，以沙质壤土、冲积土为好。

（2）整地。薄荷以茎叶收获为主，在氮、磷、钾三元素中，氮对薄荷产量、品质影响最大，适量增施氮肥可使薄荷生长繁茂，收获量增加。因此，整地前可适量增加氮肥，每亩施有机肥800～1 000千克，适中施用磷钾肥15～20千克，耙耧平整，使土壤松软，便于播种。

42. 薄荷的主要繁殖方式有几种？

有根茎繁殖、分株繁殖、扦插繁殖、种子繁殖等方式，生产上以根茎繁殖为主。

（1）根茎繁殖。多用于秋季种植。于10月上旬至下旬挖出地下根茎，从中选取白色粗壮、节短、无病虫害的一年生根茎作种，切成6～10厘米长的小段，随挖随插。行距 25 厘米，沟深 7 厘米左右，密度以根茎首尾相接为好，顺沟摆放，然后覆土耙平，稍加镇压。

（2）分株繁殖。多在春季使用。秋季收割茎叶后，立即进行中耕除草和追肥管理。翌年 4—5 月，当苗高 15 厘米时拔秧移栽。

（3）扦插繁殖。以初夏生产为主，在 5—7 月剪取未现蕾开花的枝条 10～15 厘米，剪去下端 1～2 对叶片，插入苗床，深度为枝条长度的 1/2 或 2/3，插入后浇水，适当遮阴，保持土壤湿润。待生根后移栽大田。

（4）种子繁殖。每年 4 月中旬把种子与少量细土拌匀，播到预先准备好的苗床内，覆土 1～2 厘米厚，适当遮阴，播后浇水，苗长到14 厘米左右时移栽。

43. 薄荷主要病虫害有哪些？如何防治？

（1）锈病。主要危害叶和茎。开始在叶背呈橙黄色粉状，后期变成黑褐色粉状。发病严重时，叶片枯萎脱落，以致全株枯死。

防治方法：①农业防治。及时排水，降低湿度。②化学防治。发病初期喷洒 15％三唑酮可湿性粉剂 1 000～1 500 倍液，或 40％氟硅唑乳油 5 000 倍液等防治，隔 15 天左右喷施 1 次。收获前 20 天内停止喷药。

（2）斑枯病。危害叶部。初呈暗绿色，后为灰暗褐色，中心灰白色，呈白星状，上着生黑色小点，逐渐枯萎、脱落。

防治方法：①农业防治。隔年与小麦、豆类、油菜、绿肥等轮作；秋收后及时清洁残茎枯叶，带出田间烧毁。②药剂防治。发病初期用 50％多菌灵可湿性粉剂 600 倍液，或 70％甲基硫菌灵可湿性粉剂 1 000 倍液，或 80％代森锰锌络合物 800 倍液，或 25％咪鲜胺可湿性粉剂 1 000 倍液等喷雾防治。每隔 7～10 天喷施 1 次，连续防治2～3次。收割前 20 天内停止施药。

（3）黑茎病。主要危害茎部，先发生黑点，发病部位收缩凹陷，髓部变为灰褐色，发病后引起倒伏，叶片逐渐变黄枯死。

防治方法：①农业防治。合理密植，改善通风透光条件；注意排水，降低田间湿度；加强田间松土除草，但防伤根，促进根系健壮生长。②药剂防治。发病初期，用65％代森锌可湿性粉剂500～600倍液，或10％苯醚甲环唑水分散颗粒剂1 000倍液等喷雾防治，收割前20天停止喷药。

（4）小地老虎：清晨查苗，发现断苗时，在其附近扒开表土，人工捕捉幼虫。

防治方法：①物理防治。成虫活动期用糖醋液（糖：酒：醋＝1：0.5：2）放在田间1米高处诱杀，每亩放置5～6盆；也可采用灯光诱杀的方法。②化学防治。毒饵诱杀，每亩用50％辛硫磷乳油0.5千克，加水8～10千克，喷入炒过的40千克棉籽饼或麦麸制成毒饵，傍晚撒于秧苗周围；毒土诱杀，每亩用90％敌百虫粉剂1.5～2千克，加细土20千克制成毒土，顺垄撒施于幼苗根际附近；喷灌防治，用90％敌百虫晶体或50％辛硫磷乳油1 000倍液喷灌防治幼虫。

（5）银纹夜蛾。用90％敌百虫晶体1 000倍液，或10％氯氰菊酯1 000倍液等喷雾防治（彩图4）。

44. 薄荷如何栽植与管理？

（1）栽植。春栽或冬前栽均可，春栽多在3月下旬至4月上旬进行，冬前栽在10月下旬前后进行。栽植时按行距20厘米、株距15厘米挖穴，每穴栽秧苗2株。栽后盖土压紧，再浇定根水。

（2）除草。出苗后或移栽成活后要及时中耕、松土、除草，一般在6月中耕1次，当7月第一次收割后，伴随着施肥再进行1次中耕、松土，可略深些，除去地面的残茎、杂草。

（3）施肥、灌溉。薄荷以茎叶入药，一般每年收割茎叶2次，生长期间需肥量较多。因此，应结合中耕除草适时追肥，并以氮肥为主，配以磷钾肥。遇高温干燥及伏旱天气时，应该及时浇水。薄荷浇水应结合追肥进行，同时其苗期、分枝期需水较多，但现蕾开花期对水分需求较少，应视植株不同生长阶段浇水灌溉。

（4）摘心。薄荷在种植密度不足或与其他作物套种、间种的情况下，可采用摘心的方法增加分枝数及叶片数，弥补群体数量，增加产量。但是，单种薄荷田密度较大时不宜摘心。

45. 薄荷如何采收与加工？

（1）采收。薄荷在全国各地采收期和采收次数不尽相同。作鲜菜用，可 30 天左右采摘 1 次；若作药用材料，一般情况下，薄荷适宜采收期分别为 7 月下旬、10 月上中旬花蕾期至盛花期，选择晴天进行收割。

（2）加工。鲜薄荷收割之后，运回摊开阴干 2 天，经常翻动，然后扎成小把，继续阴干或晒干。

（四）蒲公英

46. 种植蒲公英如何选地、整地？

蒲公英对土壤没有严格要求，一般应尽可能选择土质深厚、疏松肥沃、灌溉方便的沙质壤土或腐殖质土壤比较好。播前每亩施腐熟有机肥 4 000～4 500 千克，过磷酸钙 15 千克，均匀撒入地表，深耕25～30 厘米，耙细整平，做成宽 2～4 米的长畦，长度按地块而定。

47. 如何播种蒲公英？

蒲公英繁殖方式有种子繁殖和种根繁殖两种，生产上常用种子繁殖。

（1）选取种源。有人工栽培野生蒲公英经验的，可以自行留种或留种根来年种植。无栽培经验且无种源的，可在 5 月下旬至 6 月上旬，到山沟荒坡、地头路边采集成熟的野生种子，或于 9—11 月挖取野生的种根，还可以到市场购置野生种根。

（2）种子催芽。将蒲公英种子置于 45 ℃温水中，搅拌至水凉后，再浸泡 8 小时，捞出种子包于湿布内，在 25 ℃下催芽，当 50% 的种子露白时即可播种。

（3）露地直播。采取条播的方式：春、夏、秋季均可播种，在畦面上按行距 25 厘米开浅沟，亩用种 50 克，种子播下后，覆土 0.5～1 厘米厚，有条件可在地表覆杂草，保持土壤湿润；如土壤较干，可在播前 2 天浇一次透水。如土地水肥条件较好，以采收茎叶为主时，不采取催芽措施，亩需用种 1.5～2 千克。

（4）育苗移栽。

① 育苗。利用温室或露地，做宽 1.2 米左右的畦，将种子催芽处理后，均匀撒入，用铁耙将地表耙平，保持土壤湿润。

② 移栽。当幼苗高 10 厘米，或长至 3～4 叶时，即可移到大田，按行距 25 厘米，株距 5 厘米进行定植，栽后立即浇水。

（5）播种时间。

① 春宜栽种根。蒲公英耐寒力强，当地温达到 1～2 ℃时即可发芽，每年 3 月末即可播种。3 月下旬至 4 月上旬，气温升至 10 ℃以上时，开沟或挖穴定植种根，浇水覆土，株行距 20 厘米×5 厘米。

② 秋宜播种子。处暑以后（8 月下旬）开沟条播，并浇水覆土。行距 20 厘米，每亩播种量 0.2 千克。从播种到出苗，畦表面可以盖一层麦秸，在麦秸上适量泼水，保持麦秸和地表土壤湿润，力争一次出全苗。

48. 如何进行田间管理？

（1）中耕除草。种子直播地块，幼苗出齐后进行第一次浅锄，以后每 10～15 天中耕除草 1 次，直到封垄为止。封垄后杂草可人工拔除，保持田间土壤疏松无杂草。

（2）间苗、定苗。露地直播蒲公英，出苗后 10 天左右进行间苗，株距 2～3 厘米；在幼苗高 10 厘米，或长至 3～4 叶时，进行定苗，行距 25 厘米，株距 5 厘米。

（3）水肥管理。播种前浇透底水，整个出苗期间应保持土壤湿润，如发现干旱可沟灌渗透，但水层不能超过畦面，利于出苗。出苗后适当控制水分，促进根部健壮生长，防止倒伏。茎叶生长期保持田间湿润，促进茎叶旺盛生长。结合浇水进行施肥，一般每亩施尿素 10～15 千克，或碳酸氢铵 15～20 千克。

49. 蒲公英的常见病虫害有哪些？如何防治？

（1）病害。自然状态下蒲公英一般很少发病。人工栽植后由于管理措施不当，偶发叶枯病、白粉病。

① 农业防治。人工调节土壤湿度、及时排除田间积水；施肥以有机肥为主，注意氮、磷、钾配方施肥，避免偏施氮肥；适时除草松土；合理确定定苗距离；及时收割茎叶；结合采摘，收集病残体，携出田外集中处理。

② 化学防治。用 70％百菌清可湿性粉剂 600 倍液，或 50％多菌灵可湿性粉剂 600 倍液，或 75％代森锰锌络合物 800 倍液等保护性杀菌剂喷雾防治。若一个月采收 1 次茎叶，可以不喷施农药。

（2）虫害。蒲公英抗虫性很强，虫害相对很少，栽培中主要害虫有金针虫、蛴螬、蝼蛄、地老虎等。

防治方法：一是利用冬前深翻土地；二是土壤中撒施毒土，用 5％辛硫磷颗粒剂 1～1.5 千克与 15～30 千克的细土混匀制成毒土；三是毒饵诱杀，用敌百虫拌炒麦麸作为毒饵，顺垄撒施在植株根际；四是用黑光灯、紫外灯诱杀；五是利用高效氯氰菊酯等高效低毒农药在采收前 10 天进行叶面喷施。

50. 蒲公英如何采收与加工?

（1）采收。

① 全草采收。第一年收割 1 次茎叶或不收割，第二年可在 5 月中下旬以后，每 30 天收割 1 次。选择晴天采收，用镰刀或专用铲从叶基部割下叶片，除去病叶、死叶，集中带出田间，晾晒或烘干。亦可在晚秋采挖带根全草，抖净泥土，晒干即可。采收前 1 天不浇水，保持茎叶干爽。一般蒲公英亩产量为 5.3～6.7 千克。每年可收割 2～4次，即春季 1～2 次，秋季 1～2 次。

② 种子采收。当种子由乳白色变为褐色时就可采收，成熟种子容易脱落，过迟采收影响种子产量。采收时把整个花序掐下来，放在室内存放 1～2 天，种子半干时用手搓掉茸毛，然后晒干，整个过程要防止风吹散种子。也可用机械采收，通过蒲公英种子采收机，将成熟的种子吸入袋中。最佳采种期为 4—5 月，从采收开始，每间隔 3～4 天收 1 次，可采收 4～5 次。

（2）加工。蒲公英除鲜食外，还可加工成干菜。即用沸水焯 1～

2 分钟，然后浸入凉水冷却，最后晒干或阴干备用。如作药用，茎叶收割后，及时晒干或烘干。如全草作药用，在蒲公英生长 2～3 年后，于 10 月中下旬连根挖出，抖净泥土，摘除黄叶，晒干即可。

（五）板蓝根（菘蓝）

51. 种植菘蓝如何选地、整地？

（1）选地。菘蓝是十字花科菘蓝属二年生植物，药用部位为干燥的根，即板蓝根，和干燥的叶片，即大青叶（彩图 5）。菘蓝适应性较强、较耐寒、喜温暖、怕水涝，对土壤要求不严格。因为扎根较深，所以要选土层深厚、肥沃、排水性能好的沙质壤土栽培。地势低洼、易积水、排水不良的低洼地不宜种植，容易烂根。同时应选择远离工厂，不受废水、废气、废液、养殖场等污染源影响，生态环境良好的农业生产区域种植。

（2）整地施肥。应在冬前或播种前深翻土地 20～30 厘米，每亩施腐熟有机肥 1 500～2 000 千克，再浅翻一次。一是保证基肥翻入土中；二是将地整细整平，无明显坷垃，便于播种。在北方降水少的地区宜平地或平畦种植，在南方地区，由于降雨较多，适宜高畦种植，以利排水；一般畦宽 1.3～3 米，高 5～10 厘米；周边还要注意挖好排水沟，防止积水。

52. 菘蓝如何播种？

（1）选择播期。菘蓝种植是用种子在春季或夏、秋季进行直接播种的。菘蓝是二年生植物，按自然生长规律，第一年春季播种的菘蓝出苗后是营养生长阶段，露地越冬经过一段时间的低温春化阶段，翌年春季抽薹、开花、结果后枯死，完成整个生长周期。但秋播种子萌发出苗，完成整个生长周期后，因生育期较短，采收不到叶和根，所以，生产中除欲获得快速繁殖用种子外，一般都不采用秋播的播种方法。药用菘蓝宜在春季播种，夏、秋季采叶 2～3 次，秋、冬季挖根，以增加经济效益。春播菘蓝随着播种期后延，产量呈下降趋势。但也不是播种越早越好，若播种过早，种子出苗后，遭遇倒春寒，经过低温春化影响，容易提前抽薹开花，当年完成生育期，影响菘蓝的产量和质量，造成无收。所以，最佳播期以清明以后，地温稳定在 5～10 ℃时为宜；也可在夏季播种，即在 6、7 月收完麦子等作物后进行。

（2）播种。采取沟播或点播的播种方式均可。选择籽粒饱满、成熟度好、无病虫害的种子，沟播应在整好的畦上按沟心距 25 厘米、深约 3 厘米开沟，人工将种子均匀撒于沟内或用耧种，平原可用机械进行沟播，山地可用耧播，并做好播种深度调节，入土深不超过 3 厘米，保证出苗整齐一致。点播的株距和行距各约 25 厘米，方法与条播相同，每亩用种量 1.5～2 千克。播种时，要看天气，足墒下种或雨前播种，播种后应保持土壤湿润，以利种子发芽。播种后，如土壤温湿度合适，一般一周左右出苗。

53. 菘蓝如何管理？

（1）间苗、定苗。当苗高 4～7 厘米时，按株距 8～10 厘米定苗，间苗时去弱留强，使行间植株呈三角形分布。

（2）中耕除草。幼苗出土后，做到有草就除，注意苗期应浅锄；植株封垄后，一般不再中耕，可用手拔除。大雨过后，应及时松土。

（3）追肥。间苗后追 1 次肥，以人畜粪水为主，每亩施用尿素 2～4 千克。以后每收割叶片 1 次，均应进行中耕除草和追肥，追肥用量应比第一次多，有水浇条件地区，土干要灌水，多雨季节要注意排水防涝，防止烂根。

（4）灌水排水。定苗后，视植株生长情况，进行浇水。如遇伏天干旱，可在早晚灌水，切勿在阳光暴晒下进行。多雨地区和雨季，要及时清理排水沟，以利及时排水，避免田间积水、引起烂根。

54. 菘蓝的常见病虫害有哪些？如何防治？

（1）白粉病。菘蓝开花之前易发生白粉病。主要危害叶片，以叶背面较多，茎和花上也有发生。叶面最初产生近圆形白色粉状斑，严重时整株被白粉覆盖；后期白粉呈灰白色，叶片枯黄萎蔫。防治方法：一是前茬不选用白菜、结球甘蓝、花椰菜、萝卜等十字花科作物，可与小麦、玉米等禾本科作物轮作倒茬；要合理密植，增施磷、钾肥，增强抗病力；排除田间积水，抑制病害的发生；发病初期及时摘除病叶，收获后清除病残枝和落叶，携出田外集中深埋或烧毁。二是用 2％嘧啶核苷类抗菌素水剂或 1％武夷菌素水剂 150 倍液喷雾防治，7～10 天喷 1 次，连喷 2～3 次。三是用 15％三唑酮可湿性粉剂 1 000 倍液，或 50％多菌灵可湿性粉剂 500～800 倍液，或 70％甲基硫菌灵可湿性粉剂 800 倍液喷雾防治。

（2）霜霉病。主要危害叶柄及叶片。发病初期，叶片产生黄白色病斑，叶背出现似霜样霉斑，随后叶片变黄，最后呈褐色干枯死亡。防治方法是清洁田园枯枝落叶，及时处理病株；与小麦、玉米等禾本科作物进行轮作；雨后及时排水，防止湿气滞留；每 7 天喷洒 1 次 1：1：100 的波尔多液，连续喷 2～3 次，或发病初期喷洒 75％百菌清可湿性粉剂 600 倍液防治。

（3）菌核病。属土传病害，从土壤中传播，危害全株。从基部叶片先发病，然后向上蔓延危害茎、茎生叶、果实。发病初期出现水渍状，之后变成青褐色，最后腐烂。在多雨高温的 7—8 月发病最重。防治方法是与小麦、玉米、高粱、谷子等禾本科作物轮作；增施磷肥；积水地块要开沟排水，降低田间湿度；浇灌石硫合剂于植株根部；发病初期用 65％代森锌、50％多菌灵可湿性粉剂 600 倍液喷雾防治，隔 7 天喷 1 次，连喷 2～3 次。

（4）白锈病。在长势较好、植株旺盛、密度大地块容易出现，受害叶面出现黄绿色小斑点，叶背长出隆起、外表有光泽的白色脓包状斑点，破裂后散出白色粉末物，叶变畸形，后期枯死。防治方法是不与十字花科作物轮作；选育抗病新品种；发病初期喷洒 1：1：120 的波尔多液防治。

（5）根腐病。高温高湿会引发根腐病，发病适温 29～32 ℃。防治方法是选择地势略高、排水畅通的地块种植；积水地块要及时排水；因植株郁闭不通风，可收割大青叶以增加通风透光；采用 75％百菌清可湿性粉剂 600 倍液或 70％敌磺钠 1 000 倍液喷雾防治。

（6）菜粉蝶。开花前以菜青虫危害为主，菜青虫是菜粉蝶的幼虫，5 月起幼虫开始危害叶片，尤以 6、7 月危害最重。防治方法一

是用生物农药苏云金杆菌乳剂每亩 100～150 克，或 90％敌百虫 800
倍液喷雾。在 6、7 月，可用高效氯氰菊酯防治。二是在菜粉蝶产卵
期，每亩释放广赤眼蜂 1 万头，隔 3～5 天释放 1 次，连续放 3～4 次；
或于卵孵化盛期，用 25％灭幼脲悬浮剂 2 500 倍液，7 天喷 1 次，
连续防治 2～3 次。三是用多杀霉素 3 000 倍液，或高效氯氟氰菊酯
4 000 倍液喷雾防治。

（7）桃蚜。在花期危害刚出土的花蕾，使花蕾萎缩，不能开花，
影响种子产量。防治方法：一是黄板诱杀蚜虫，在有翅蚜初发期可用
市场上出售的商品黄板诱杀，每亩挂 30～40 块。二是前期蚜量少时，
利用七星瓢虫等天敌防治，进行自然控制。无翅蚜发生初期，用
0.3％苦参碱乳剂 800～1 000 倍液喷雾防治。三是用 10％吡虫啉可湿
性粉剂 1 000 倍液，或 4.5％高效氯氰菊酯乳油 1 500 倍液，或 50％
抗蚜威可湿性粉剂 2 000～3 000 倍液，交替喷雾防治。

55. 菘蓝如何采收和加工？

（1）大青叶采收。春播大青叶一年可收割 2 次，第一次在 7 月底
至 8 月初，将成熟的叶子齐根割下，晒干即可入药。第二次收割可在
收获板蓝根时进行。这样不会对板蓝根产量及成分含量产生明显的
影响。

（2）板蓝根采收。板蓝根的适宜采收期是在种植当年 10 月中下
旬，即在霜降至立冬之间收获。由于根入土较深，山区种植不能采用
收获机械的，应选择晴天从畦的一头挖深沟，顺沟挖，注意避免挖断
根部。挖出的根，抖净泥土，除净地上茎、叶、芦头，晒或烘至七八
成干时，捆成小捆，再晒或烘至全干，置于干燥处，防霉，防蛀。平
原种植的板蓝根采收时可以选择大型的收割机械，收割深度在 35 厘
米即可，这样不仅提高效率，还大大节约人工成本。

（六）红花

56. 红花生产中有哪些栽培品种？

红花在世界各地均有栽培，品种类型较多，按其应用一般分为花

用、油用及花油兼用 3 种类型。我国栽培红花主要用于采花入药,其主要品种如下:

(1)杜红花。主要集中分布于江苏、浙江一带,株高 80~120 厘米;分枝 27~30 个;花球 30~120 个;花瓣长;叶片狭小,刺硬而尖锐,干花品质好,呈金黄色。

(2)怀红花。主要分布于河南一带,株高 80~120 厘米;分枝 6~10 个;花球 7~30 个;花瓣短;花头大;叶片缺刻浅,刺少尖锐。

(3)大红袍。为河南省品种,株高近 90 厘米;叶缘无刺,花鲜红色,该品种具有分枝能力强、花蕾多、抗性强等特点,含油率达 25.4%,是一种优良的油花兼用品种。

(4)川红 1 号。是四川省中药研究所选育出的高产品种,株高约 124 厘米,植株有刺,分枝低而多,花色橘红。

花用红花中,大红袍、川红 1 号为优良品种。

57. 种植红花如何选地、整地?

红花耐旱忌涝,应选择光照充沛、地势高燥,排灌方便,土层深厚,疏松肥沃,pH 为 7~8 的壤土和沙质壤土为好;地下水位高,土壤黏重的地区不适宜栽培红花。红花病虫害严重,切忌连作,可以与玉米、大豆、马铃薯实行 2~3 年的轮作。红花的根系可达 2 米以上,整地时必须深耕,达到 25 厘米以上,结合深耕,每亩施用腐熟厩肥或堆肥 2 000 千克,配合过磷酸钙 20 千克作基肥,冬灌一般在 10 月中下旬至 11 月上旬进行,灌水要均匀,不要造成局部积水,雨水多的地区做 1.3~1.5 米宽的高畦,地四周挖好排水沟,以利于排水。

58. 红花如何播种?

(1)播期选择。红花是长日照作物,在夏季开花结果,而其药用部分是花冠裂片,采收和晾晒都需要在晴天进行,所以最佳采收期应避开雨季。

红花主要采用种子繁殖,种子在平均气温达到 3 ℃和 5 厘米深处的地温达到 5 ℃以上时就可以萌发,一般我国北方在 3 月中旬土壤解冻后即可播种，最晚不能迟于 4 月上旬。早播可使红花有一个较长的营养生长时期，为生殖生长做好物质储备，为提高产量奠定基础。另外，红花生长期对水分很敏感，尤其是在分枝阶段、孕蕾期、开花期若遇长期阴雨，不仅不能采收、晾晒，更会加重病害，降低产量，因此春季早播可使红花的花期避开雨季，提高产量。南方则适宜在 10 月中旬至 11 月上旬播种，播种过早，幼苗生长过旺，来年开花早，植株高，产量低。秋季晚播有利于提高产量，还可使开花期躲过雨季。因此，红花播期的选择应坚持"北方春播宜早，南方秋播宜晚"的原则。

（2）种子处理。在果熟期选择无病、丰产、种性一致的植株留种，成熟时采收，播种时再进行精选。在苗期根部虫害严重的地区，播前可用 50％辛硫磷可湿性粉剂按种子量 0.2％的用量拌种，堆闷 24 小时后播种；也可用 50 ℃温水浸种 10 分钟，放入冷水中冷却晾干后待播，可加快出苗。

（3）播种方法。主要有条播和穴播两种播种方式，条播行距为 30～50 厘米，开沟深 5～6 厘米，播种后覆土 2～3 厘米，穴播行距同条播，穴距 20～30 厘米，穴深 5 厘米，每穴播种 4～6 粒。每亩用种量为条播 3～4 千克，穴播 2～3 千克。每亩留苗密度应保持在 1.5 万～2.5 万株。

59. 种植红花如何进行田间管理？

根据红花的生长发育阶段适时科学地进行田间管理，可保证红花获得优质高产。

（1）追肥。追肥 2～3 次，第一次在定苗后，以人粪尿稀施为主；秋播于 12 月结合浇冻水进行第二次追肥；第三次在孕蕾期，重施为宜，一般可施用人畜粪水 3 000 千克/亩左右，配施过磷酸钙 20 千克，促进茎秆健壮、多分枝、花球大，并可防止植株倒伏，避免根腐病的发生，还可进行根外喷施 0.2％磷酸二氢钾溶液 1～2 次，以促使蕾多、蕾大。

（2）灌溉。红花根系强大，较耐旱，但在分枝期至开花期需水较多，需水高峰期在盛花期，此阶段灌水有利于提高产量。

（3）打顶、培土。土壤条件好的地块在红花抽薹后摘去顶芽，以促使其多分枝，增加花蕾数，但密植或土壤条件差的地块一般不进行打顶，以免枝条过密，影响通风，降低产量。红花分枝多，容易发生倒伏，因此，可以结合最后一次追肥进行中耕培土以防倒伏。

（4）安全越冬。秋播红花在 12 月下旬要培土，结合冻前浇一次冻水，保持田间湿润，不致干冻，以利安全越冬。

60. 红花的主要病虫害有哪些？如何防治？

红花病虫害较多，发生后严重影响产量和花的品质，常见病虫害如下：

（1）锈病。其主要危害叶片，高温高湿或多雨季节容易发生，连作地发病重，主要危害叶片和苞叶。苗期染病子叶、下胚轴及根部会密生黄色病斑，其中密生针头状黄色颗粒状物，即病菌性子器。后期在锈孢子堆边缘产生栗褐色近圆形斑点，即锈子器，表皮破裂后散出锈孢子。成株叶片的染病叶背散生栗褐色至锈褐色或暗褐色、稍隆起的小疱状物，即病菌的夏孢子堆。疮斑表皮破裂后，孢子堆周围表皮向上翻卷，逸出大量棕褐色夏孢子，有时叶片正面也可产生夏孢子堆。进入发病后期，夏孢子堆处生出暗褐色至黑褐色疱状物，即病菌的冬孢子堆。严重时叶面上布满孢子堆，叶片枯黄，病株较健康植株提早 15 天枯死。

防治方法：选地势高燥、排水良好的地块或高垄种植；不使用带菌的种子，采用轮作栽培；增施磷钾肥；播种前用 2.5％咯菌腈悬浮种衣剂，按药种比 1：125 拌种；发病初期，用 15％三唑铜可湿性粉剂 500 倍液，或 40％氟硅唑乳油 3 000 倍液喷施。

（2）炭疽病。红花的重要病害，该病主要危害叶片、叶柄、嫩梢和茎，以嫩梢和顶端分枝受害最为严重。感病后，嫩茎上出现水渍状斑点，后逐渐扩大为梭形，病斑褐色或暗褐色，多发生在叶片边缘。环境潮湿时，病斑上出现橙红色的点状黏稠物，严重时造成植株烂梢、烂茎、折倒甚至死亡。

防治方法：①农业防治。选用抗病品种，建立无病留种田，提供无病良种；选地势高燥、排水良好的地块种植；忌连作；发现病株，集中销毁；氮肥施用不宜过多或过晚。②药剂防治。发病初期用70％甲基硫菌灵可湿性粉剂 800 倍液喷雾，起到预防作用；发病期用10％苯醚甲环唑和 25％吡唑醚菌酯按 2∶1 复配 2 000 倍液或 30％噁霉灵＋25％咪鲜胺按 1∶1 复配 1 000 倍液，每隔 7～10 天喷雾 1 次，连续 2～3 次。

（3）根腐病。主要发生在根部和茎基部，以幼苗期和开花期症状明显。发病早期，植物组织及根的鲜重减少，随后变成黑色，严重时茎基部皮层腐烂，枝叶变黄枯死。高温高湿利于发病。

防治方法：①农业防治。选用抗病品种，无病株留种，合理施肥，提高植株抗病力；注意排水，并选择地势高燥的地块种植。合理轮作，与禾本科作物实行 3～5 年轮作。发现病株应及时剔除，并携出田外集中处理。②药剂防治。发病初期用 50％多菌灵或 70％甲基硫菌灵可湿性粉剂 500～800 倍液，或 80％代森锰锌络合物可湿性粉剂 800 倍液，或 30％噁霉灵＋25％咪鲜胺按 1∶1 复配 1 000 倍液或用 10 亿活芽孢/克的枯草芽孢杆菌 500 倍液，或 40％氟硅唑乳油5 000 倍液等灌根，每 7 天喷灌 1 次，喷灌 3 次以上。

（4）红花实蝇。主要以幼虫在寄主花序内取食嫩茎苞叶、管状小花及幼嫩种子危害，1 个花序内可有多条幼虫，造成花序枯萎，不能正常开花结果。

防治方法：在栽培过程中注意避免与蓟属、矢车菊属植物轮作或间、套作；选育抗虫品种，及时清洁田园。在红花花蕾现白期，用90％敌百虫晶体 800 倍液，或用 50％辛硫磷乳油 1 000 倍液，或用75％灭蝇胺可湿性粉剂 3 000 倍液喷施。

61. 如何适时采收红花？

春播红花当年 7—8 月、秋播红花翌年 4—6 月花朵开放，红花初开花冠顶端为黄色，后逐渐变成橘黄色或橘红色，最后变成暗红色；采花标准以花冠顶端金黄色、中部橘红色为宜，过早采收，成品颜色发黄；过迟采收，成品发黑、发干且无油性。

红花开花时间短，一般开花 2～3 天便进入盛花期，要在盛花期抓紧采收，一般 10～15 天采收完。根据红花干物质积累规律以及有效成分的动态变化规律，红花每朵花的适宜采收期应为开花后第 3 天上午 6:00 至 8:30。每个头状花序可连续采收 2～3 次，每隔 2 天采收 1 次。采收时注意不要弄伤基部的子房，以便继续结种。一般每亩产干花 15～30 千克，折干率 20%～30%。

视频 1
红花采收

（七）菊花

62. 栽培菊花有哪些品种？

菊在我国分布面广，主要分布于安徽、浙江、河南、河北、湖南、湖北、四川、山东、陕西、广东、天津、山西、江苏、福建、江西、贵州等地区。菊花喜肥，在疏松肥沃、含腐殖质丰富、排水良好的沙质壤土中生长良好，花多产量高。土壤酸碱度以中性至微酸性或微碱性为宜。凡土壤黏重、地势低洼、排水不良、盐碱性大的地块不宜栽培。忌连作。药材按产地和加工方法不同，分为贡菊、杭菊、滁菊、亳菊、怀菊、济菊、祁菊、川菊。杭菊主产于浙江省桐乡、海宁、嘉兴和吴兴等地，是著名的浙八味之一；滁菊主产于安徽省全椒、滁县和歙县；亳菊主产于安徽省亳州、涡阳和河南省商丘；怀菊主产于河南省焦作市所辖的泌阳、武涉、温县、博爱等地，是我国著名的四大怀药之一；贡菊主产于安徽省歙县（徽菊）、浙江省德清（德菊），清代为贡品，故名贡菊花；济菊主产于山东省嘉祥、禹城一带；祁菊主产于河北省安国；川菊主产于四川省绵阳、内江等地，近年来由于产销问题，主产区已很少种植。药用菊花中贡菊、杭菊、滁菊、亳菊为我国四大药用名菊；以长江为界，在长江以南的杭菊、贡菊以作茶用为主，兼顾药用；而长江以北的滁菊、亳菊则以作药用为主，兼顾茶用。

63. 种植菊花如何选地、整地？

宜选地势高燥、排水良好、向阳避风的沙壤土或壤土栽培（彩图 6）。土壤以中性至微酸性为好，忌连作。于前作收获后，每亩施用尿素

20千克、氯化钾10千克、过磷酸钙8千克作基肥，深耕2次，耙平，做宽1.3米、高30厘米的畦，沟宽30厘米，以利排水，若前作为小麦、油菜等作物，可少施或不施基肥。应选地势平坦、排水良好的地块，翻耕、耙细、整平后再掺50%的清洁细河沙，做成高30厘米的插床，压实待插。

64. 菊花的繁殖方式有哪些？

可以分株繁殖、压条繁殖、扦插繁殖3种方式繁殖。扦插繁殖生长势强，抗病性强，产量高，在目前生产上常用。

（1）分株繁殖。秋季收菊花后，选留健壮植株的根蔸，上盖粪土保暖越冬，翌年3—4月，将土扒开，并浇稀粪水，促进萌枝迅速生长。4—5月，待苗高15~25厘米时，选择阴天将根挖起、分株，选择粗壮和须根多的种苗，斩掉菊苗头，留约20厘米；按行距40厘米，株距30厘米，开6~10厘米深的穴，每穴栽一株，栽后覆土压实，并及时浇水。

（2）压条繁殖。将枝条压入土中，使其生根，然后分开，成为独立植株。菊花的压条繁殖方式只在下列情况下采用：菊局部枝条有优良性状的突变时；菊枝条伸得过长欲使其矮化时；繁殖失时采取补救时。具体方法是：6月底至7月初，将母株枝条引伸弯曲埋入土中，使茎尖外露。在进入土中的节下，刮去部分皮层。不久伤口便能萌发不定根，生根后剪断而成独立植株，由于其在生根过程中得到母株的营养，故成活率高达100%。由压条所得的植株一般花较小，枝茎短缩而分枝多。非特殊情况一般不用此法。

（3）扦插繁殖。在优良的母株上取下插条，插条以长8厘米，下部茎粗0.3厘米为宜，各插条长度的差别应小于0.5厘米。如插条的长度差异太大会影响菊花的整齐度，可将采下的插条去除2/3的下部叶片，将它插入预先做好的基质内（基质应选用透水性、通气性良好的材料），株行距3厘米×3厘米。扦插后应保持较高的环境温度，一般白天22~28℃，夜间18~20℃，不能低于15℃。以间歇式喷雾的方法维持空气及基质湿润，在开始的3~4天，每隔3分钟喷雾10秒，以后几天每隔8~10分钟喷雾10~12秒，至生根发芽。从扦插开始上遮阳网，至生根发芽以后撤遮阳网。

65. 菊花如何栽植与管理？

（1）定植。分株苗于4～5月、扦插苗于5～6月移栽。选阴天或雨后或晴天傍晚进行，在整好的畦面上，按行株距各40厘米挖穴，穴深6厘米，带土挖取幼苗，扦插苗每穴栽1株，分株苗每穴栽1～2株。栽后覆土压紧，浇定根水。

视频2
菊花移栽

（2）查苗补缺。移栽后7天要及时检查，做好补苗，保证密度。

（3）中耕除草。移栽后，一般进行3～4次中耕除草，移栽后15天左右进行第一次中耕除草松土，7月下旬至8月上旬进行第二次，在封行前进行最后一次，并结合中耕进行培土，以防倒伏。中耕要做到"株间浅、行间深，前期浅、后期深，不伤根"。每当大雨后，土壤板结时应浅锄松土。

（4）追肥。在分枝时，每亩施尿素20千克，在孕蕾期每亩施过磷酸钙10～15千克，硫酸钾6～8千克，追肥后及时浇水。

（5）排灌水。移栽后30天内浇水不宜太多，保持一定的墒情即可。7月以后，应根据降雨情况适当浇水，浇后要松土保湿。若雨季雨量过大，要及时排水降湿。

（6）打顶摘心。苗高30厘米时，选晴天打顶，摘去茎尖1～2厘米，此后每2～3周进行1次打顶，7月中旬进行最后一次。

66. 菊花的主要病虫害有哪些？如何防治？

（1）白粉病。初期在叶片上呈现浅黄色小斑点，以叶正面居多，后逐渐扩大，病叶上布满白色粉状物，在温湿度适宜时病斑可迅速扩大，并连接成大面积的白色粉状斑，发病后期表面密布黑色颗粒；病情严重的叶片扭曲变形或枯黄脱落；病株发育不良，矮化，甚至出现死亡现象。

防治方法：①农业防治。田间栽植不要过密。科学进行肥水管理，避免过多施用氮肥，增施磷钾肥，适时灌溉，提高植株抗病力。

在栽培上注意剪除过密和枯黄株叶，拔除病株，清扫病残落叶，集中烧毁或深埋，减少病原物的传染源。②药剂防治。发病初期开始喷洒70％甲基硫菌灵悬浮剂800倍液，或20％三唑酮乳油600倍液，隔7～10天喷施1次，连续防治2～3次。

（2）枯萎病。发病初期下部叶片失绿发黄，失去光泽，接着叶片开始萎蔫下垂、变褐、枯死，下部叶片也开始脱落，植株基部茎秆微肿变褐，表皮粗糙，产生裂缝，湿度大时可见白色霉状物；茎秆纵切，可见维管束变褐色或黑褐色。

防治方法：①农业防治。选择抗病品种，从无病植株上采集枝条繁殖；控制土壤含水量，选用排水良好的基质；重病株拔除烧毁；设置适宜的植株密度以便于通风。②药剂防治。用30％噁霉灵水剂500～600倍液，或30％甲霜灵·噁霉灵水剂800倍液在移栽后于缓苗期灌根，连续使用2～3次。

（3）蚜虫。借助有翅蚜短距离迁飞，在气温20℃、相对湿度65％～70％时多发。可用80％敌敌畏乳油，或10％吡虫啉可湿性粉剂1 500倍液等喷雾防治。

（4）菊花瘿蚊。菊花瘿蚊对菊花危害严重，以雌成虫在植株上部产卵（彩图7），幼虫孵化后（彩图8）在植株上形成虫瘿（彩图9），以老熟幼虫在虫瘿内化蛹（彩图10）。到翌年4月羽化（彩图11），借助成虫短距离迁飞，在高温、潮湿时易发。可用10％吡虫啉可湿性粉剂1 000倍液，或4.5％高效氯氰菊酯乳油1 000倍液，或20％噻虫嗪乳油2 000倍液等喷雾防治。

67. 菊花如何采收和加工？

（1）采收。因产地或品种不同，各地菊花采收时期和方法略有不同，多在10月底至11月初，管状花盛开2/3时为采收适期。

一般当一块田里花蕾基本开齐，花瓣普遍洁白时，即可收获。采花标准为花瓣平直，有80％的花心散开，花色洁白。如遇早霜，则花色泛紫，加工后等级下降。菊花采收时，用清洁、通风良好的竹编筐篓等采收工具，选择晴天露水干后采收。特殊情况下，如遇雨水或露水，则应将湿花晾干，否则容易腐烂、变质。采花时，用两个手指

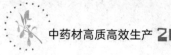

将花向上轻托，不仅省时省力，而且花不带叶、花梗短。采花时，将好花、次花分开放置，防止其他杂质混入花内。放鲜花时不能紧压，以免损坏花瓣，过紧或过多堆放，易因不透气而造成变色变质。

（2）加工。菊花产品加工场所应宽敞、干净、无污染源，加工期间不应存放其他杂物，要有阻止家畜、家禽及宠物出入加工场所的设施。加工用具允许使用竹子、藤条、无异味木材等天然材料和不锈钢、铁质材料，食品级塑料制成的器具和工具应清洗干净后使用，烘制时不能用塑料器具，严格制定加工操作程序。菊花传统加工方法因栽培品种和产地不同而有所差异。

① 滁菊。采摘后将鲜花放在竹匾上阴干，不宜暴晒。

② 贡菊。采下鲜花要摊开薄放，防止积压发热引起变色变质，然后立即在烘房内烘焙。先将鲜花摊放在竹帘或竹匾上，要求单层均匀排放不见空隙。烘焙炭火要求盖灰不见明火，温度保持40～50℃。晴天干花第一轮烘焙需2.5～3小时，雨天水花第一轮烘焙需5.5～6小时。待烘焙至九成干后再转入第二轮烘焙，先调节炭火约是第一轮的1/3火力，烘房温度低于40℃，烘焙时间需1～1.5小时，当花烘焙至象牙白色时，即可取出干燥阴凉。在整个烘焙过程中要经常检查火力和温度，温度过高，花易焦黄；温度过低，花易变色降质。

③ 杭菊。主要采取蒸花方法，干燥快，质量佳。具体方法为：将在阳光下晒至半瘪程度的花放在蒸笼内，铺放不宜过厚，花心向两面，中间夹乱花，摆放厚度3厘米左右之后准备蒸花。蒸花时每次放3只蒸匾，上下搁空，蒸时注意火力，既要猛又要均匀，锅水不能过多，以免水沸到蒸匾上形成"浦汤花"而影响质量，以蒸1次添加1次水为宜，水上面放置一层铺纱布的竹制筛片，可防沸水上窜。每锅以蒸汽直冲约4分钟为宜，如蒸冲时间过久则使香味减弱而影响质量，并且不易晒干。没有蒸透心者，则花色不白，易腐变质。将蒸好的菊花放在竹制的晒具内，进行暴晒，放在竹匾里的菊花不能翻动。晚上菊花收进室内也不能挤压。待晒3～4天后可翻动1次，再晒3～4天后基本干燥，收储起来几天，待"还性"后再晒1～2天，晒制菊花花心（花盘）完全变硬，便可贮藏。

④ 黄菊花。通常以烘菊花为主，将鲜花置烘架上，用炭火烘焙，

并不时翻动，烘至七八成干时停止烘焙，放室内几天后再烘干或晒干。蒸花后若遇雨天多，产量大，也可以用此法烘花。此法的缺点是成本大，易散瓣。

⑤ 亳菊和怀菊。将采收后的菊花先阴干，随后再熏白、晒干。即将菊花枝成把倒挂在屋檐下、廊下或通风的空屋内，阴干，一般需20天左右。至花有八成干时，将花摘下，入熏房用硫黄熏白，一般需连续熏 24～36 小时，平均每千克硫黄可熏干花 10～15 千克。熏白后在室外薄薄摊开，晒 1 天即可干燥。

（八）王不留行

68. 种植王不留行如何选地、整地？

王不留行喜温暖湿润气候，耐旱、耐寒、耐瘠薄，适应力强，对土壤要求不严。野生植株主要生长在荒地、路边、河边阴湿处，在土层较浅、肥力较低的山地、丘陵也能人工栽培种植，但过于干旱时，植株生长矮小，产量低；王不留行忌水浸，在低洼积水地或土壤湿度过大地块种植时根部易腐烂，至地上枝叶枯黄直至死亡。因此，王不留行种植应选择山地缓坡、疏松肥沃、排水良好的沙质壤土和黏壤土。播前结合整地，每亩地施腐熟的基肥 2 500 千克或复合肥 100 千克，然后翻耕 15～20 厘米，把地整平做畦，做好排水沟。

69. 王不留行应如何播种？

（1）选种。王不留行在生产中通常用种子进行繁殖，在生产中要选择当年新产种子，去除破损、霉变、不饱满籽粒以及杂质，依据种子发芽率、净度、千粒重和水分等指标对其进行分级，选择颗粒饱满，有光泽，黑色，成熟的一、二级种子作种。一级种子发芽率应不低于 85%，纯度不低于 98.5%，千粒重不低于 4.5 克，水分不高于10.0%；二级种子发芽率不低于 65%，纯度不低于 96.0%，千粒重不低于 4.0 克，水分不高于 11.0%。达不到上述要求的种子为不合格种子，不能作为播种材料使用。

（2）播种。王不留行为 1 年生或 2 年生草本植物，种植时间多在秋季，也有部分在春季种植。播种时以行距大、株距小的种植密度为适宜，有人工点播、条播和机械播种3种形式。

① 人工点播。按行株距40厘米×15厘米挖穴，穴深3～5厘米，然后将种子与草木灰、人畜粪水混合拌匀，制成种子灰，每穴均匀地撒入一小撮种子，8～10粒，播后覆盖细肥土，厚1～2厘米，亩用种量1千克。

② 条播。按行距30～40厘米开浅沟，沟深3厘米左右，将种子与2～3倍体积的细沙拌匀，均匀地撒入沟内，播后覆细土，厚1.5～2厘米，亩用种量1.5千克左右。

③ 机械播种。将种子与细沙或草木灰拌匀，用播种机械按25～30厘米行距播种，覆土1.5～2厘米厚，亩用种量2千克左右。

70. 王不留行的主要病虫害有哪些？如何防治？

（1）黑斑病。危害叶片，叶尖或叶缘先发病，褪绿，呈黄褐色，并逐渐向叶基部扩散，后期病斑为灰褐色或白灰色。湿度大时，病斑上产生黑色雾状物（彩图12）。防治方法：①农业防治。清除病枝落叶；及时排出积水；增施有机肥料，增强植株自身抗病能力。②化学防治。播种前用3.5%咯菌腈·精甲霜灵种衣剂（药种比1∶1 000）拌种。发病初期用70%甲基硫菌灵可湿性粉剂1 000倍液或50%多菌灵可湿性粉剂600倍液，或58%甲霜灵·代森锰锌500倍液，或50%异菌脲可湿性粉剂1 000倍液，或80%代森锰锌络合物可湿粉剂800倍液，或30%嘧菌酯悬浮剂1 500倍液等喷雾防治，一般10天左右喷1次，连续2～3次，喷药时避开中午高温。

（2）蚜虫。防治方法：①物理防治。于有翅蚜发生初期，及时于田间用黄板诱杀，每亩挂30～40块黄板。②生物防治。前期蚜虫少时保护利用瓢虫等天敌进行自然防控。无翅蚜发生初期，用0.3%苦参碱乳剂800～1 000倍液，或50%抗蚜威可湿性粉剂2 000～3 000倍液等植物源药剂进行喷雾防治。③化学防治。在蚜虫发生初期，用10%吡虫啉可湿性粉剂1 000倍液，或3%吡虫清乳油1 000倍液，或2.5%联苯菊酯乳油3 000倍液，或4.5%高效氯氰菊酯乳油1 000倍液，或50%吡蚜酮可湿性粉剂2 000倍液，或25%噻虫嗪可湿性粉

5 000 倍液等其他有效药剂，交替喷雾防治。

（3）棉小造桥虫。①物理防治。灯光诱杀成虫。②生物防治。卵孵化盛期，用 100 亿活芽孢/克的苏云金杆菌可湿性粉剂 600 倍液，或在低龄幼虫期用 0.36％苦参碱水剂 800 倍液，或 1.1％烟碱 1 000 倍液，或 2.5％多杀霉素 3 000 倍液，或 24％虫酰肼 1 000～1 500 倍液喷雾防治。每 7 天喷 1 次，防治 2～3 次。③化学防治。在幼虫孵化盛末期到 3 龄以前，用 1.8％阿维菌素乳油 3 000 倍液，或 1％甲氨基阿维菌素苯甲酸盐乳油 3 000 倍液，或 4.5％高效氯氰菊酯 1 000 倍液，或 10％联苯菊酯 1 000 倍液，或 20％氯虫苯甲酰胺 4 000 倍液，或 50％辛硫磷乳油 1 000 倍液喷雾防治。每 7 天喷 1 次，连续防治 2～4 次。交替使用。

（4）红蜘蛛。初发期可用 1.8％阿维菌素乳油 1 000 倍液，或 73％炔螨特乳油 1 000 倍液，或 57％哒螨灵可湿性粉剂 2 000 倍液，或 20％双甲脒乳油 1 000 倍液等喷施防治。

71. 如何进行王不留行田间管理？

王不留行田间管理主要包括补苗、定苗、适时追肥、中耕除草及灌排水等。

（1）补苗、定苗。出苗后，对缺苗段进行及时补种。越冬前，第一次间苗，保持株距 4～5 厘米；翌年 2 月中旬，当苗高 7～10 厘米时及时定苗，株距 15 厘米左右；此时补苗，需带土移栽，然后再浇水，可提高成活率。

（2）适时追肥。春季中耕除草后，亩追施尿素 15 千克，过磷酸钙 20 千克；4 月上旬植株开始现蕾时，亩追施复合肥 25～35 千克；花果期也可用 0.3％磷酸二氢钾溶液进行叶面喷施，补充肥料，每间隔 7～10 天喷 1 次，连喷 2～3 次，以促进果实饱满，提高产量。

（3）中耕除草。越冬前进行第一次中耕除草，除去越冬性杂草；春季返青前进行第二次除草，同时松土保墒；以后视杂草滋生情况可再进行 1～2 次，松土宜浅，避免伤根，保持土壤疏松和田间无杂草。除草应在晴天露水干后进行，孕蕾期后不再除草，以免损伤花蕾。

（4）灌排水。初冬时期和早春萌芽期间，适当浇封冻水和返青水；花果期视田间情况适当浇水；雨季注意排水防涝；水肥管理应同时进行，提高水肥耦合效应。

72. 王不留行如何采收和加工？

秋播王不留行于翌年5月下旬至6月上旬收获，春播王不留行于当年秋季收获。在果皮尚未开裂，种子大多数变成黄褐色，少数已变成黑色时收获。为防止收获时种子掉落，在早晨露水未干时，将地上部分齐地面割下，扎把，放到通风干燥处干燥2～4天，等种子全部变黑时，脱粒，除去杂质，再晒至种子含水量达10%以下时即成商品。亩产种子100千克左右，以籽粒饱满、充实、色黑、大小均匀、无杂质者为优种。有条件者可采用联合收割机械，可一次完成王不留行收割、脱粒，然后再晒干、精选去杂，省工省时。

（九）柴胡

73. 栽培柴胡有哪些品种类型？

目前柴胡的栽培类型主要有柴胡、狭叶柴胡、三岛柴胡等，其中柴胡和狭叶柴胡为《中华人民共和国药典》收载基源植物，柴胡已培育出中柴1号、中柴2号、中柴3号栽培品种；狭叶柴胡已培育出中红柴1号栽培品种；三岛柴胡也称日本柴胡，由日本或韩国药材公司在我国实行订单生产，基地主要分布在湖北、河北等地。三岛柴胡在我国为非正品柴胡，不得在中国境内销售。

柴胡俗称北柴胡，主产区为甘肃、陕西、山西和河北等省，黑龙江、内蒙古、吉林、河南、四川等地也有少量栽培。2014年"涉县柴胡"获得农业部国家农产品地理标志产品登记；中国医学科学院药用植物研究所已培育出柴胡栽培品种中柴1号、中柴2号、中柴3号。狭叶柴胡俗称南柴胡，黑龙江、内蒙古等地有种植，中国医学科学院药用植物研究所已培育出"中红柴1号"。

74. 种植柴胡如何选地、整地？

（1）选地。柴胡属阴性植物，其种子个体小，野生条件下，在草丛中阴湿环境中发芽生长，种植栽培时应为其创造阴湿环境。可选择已栽种玉米、谷子或大豆等秋季作物的地块进行套种，利用秋季作物茂密枝叶形成天然的遮阴屏障，并聚集一定的湿气，为柴胡遮阴，并创造稍冷凉且湿润的环境条件；也可选择退耕还林的林下地块或山坡地块，利用林地或山坡地上的杂草、矮生植物作遮阴屏障。

（2）整地。玉米、谷子或大豆播种前结合整地施足底肥，一般每亩施用腐熟有机肥 2 500～3 500 千克，复合肥 80～120 千克，柴胡播前要先造墒，浅锄划，然后播种。没造墒条件的旱地，应在雨季来临之前浅锄划后播种等雨。

75. 如何根据柴胡种子的萌发出苗特性，实现一播保全苗？

柴胡种子籽粒较小，发芽长，在土壤水分充足且保湿 20 天以上，温度在 15～25 ℃时方可出苗，发芽率低，出苗不齐。因此，要保证一播保全苗，必须做到以下几点：

（1）选用新种子。柴胡种子寿命仅为一年，陈种子几乎丧失发芽能力，应选用成熟度好的、籽粒饱满的新种子进行播种。

（2）适时早播种。根据北方春旱夏涝的气候特点，应适时早播，即在雨季来临之前的 6 月中下旬至 7 月上旬播种。播在雨头，出在雨尾。

（3）造墒与遮阴。播种之前造好墒，趁墒播种，而且播后应覆盖遮阳物，保证土壤湿润维持 20 天以上；如果没有水浇条件，则应利用雨季与高秆作物套作，保证出苗。

（4）增加播种量。根据近些年生产实践，当年种子的亩用量应为 2.5～3.5 千克，多者可达 4～5 千克。

（5）浅播浅覆土。柴胡种粒极小，芽苗顶土力弱，播种宜浅不宜深。开沟 0.5～1 厘米深，撒入种子，浅盖土，镇压即可。如果是机械播种，一定要调节好播种深浅，不可覆土过深。

（6）科学处理种子。柴胡种子有生理性后熟现象，即收获后过一段时间才能彻底成熟，休眠期长，出苗时间长。提高种子出苗率需打破种子休眠，处理方法有机械磨损种皮、药剂处理、温水沙藏、激素处理及射线处理等，但生产上常用前3种处理方法。机械磨损种皮是利用简易机械或人工搓种，使种皮破损、吸水，出苗提早；药剂处理是用0.8%～1%高锰酸钾溶液浸种15分钟，可提高15%的发芽率；温水沙藏是用40℃温水浸种1天，捞出，与种子3倍重量湿沙混合，20～25℃下催芽10天，少部分种子出现裂口时播种。

76. 柴胡玉米间作套种的关键技术是什么？

柴胡玉米间作套种模式为药粮间作，二年三收或二收。即第一年玉米地套播柴胡，当年收获一季玉米；第二年管理柴胡，根据实际需要决定秋季是否收获柴胡种子；第二年秋后至第三年清明节前收获柴胡。其关键技术如下：

(1) 播种玉米。玉米春播或早夏播，可采取宽行密植的种植方式，使玉米的行间距增大至1.1米，穴间距30厘米，每穴留苗2株，留苗密度3 500～4 000株/亩。间作套种玉米的田间管理要比常规管理提早进行，一般在小喇叭口期前期、株高40～50厘米时进行中耕除草，结合中耕每亩施入磷酸二铵30千克。

(2) 播种柴胡。利用玉米茂密枝叶形成天然的遮阴效果，为柴胡遮阴并创造稍阴凉且湿润的环境条件（彩图13）。

在播种柴胡时一要掌握好播种时间，柴胡出苗时间长，雨季播种原则为宁可播种后等雨，不能等雨后播。最佳时间为6月下旬至7月下旬。二要掌握好播种方法，待玉米长到40～50厘米高时，先将地面锄划一遍，整平做细，浅锄后撒播种子；也可在前茬作物的行间划1厘米深的浅沟，把柴胡种子均匀撒入沟内，稍加镇压；也可以用单腿耧种植，种后镇压。行距20～25厘米，亩用种量3～4千克。一般20～25天出苗。

(3) 田间管理。①施肥。春、夏季随降雨亩施生物有机肥300～500千克，也可亩施氮肥10～13千克、磷肥10～11千克、钾肥7～8千克。②除草。6月至7月上旬，柴胡播种前在作物行间浅锄，去除杂草；播种后，田间若出现杂草，人工拔除。③排水。雨季要及时进行排水，防止积水。④割薹。6月下旬至7月上旬，柴胡现蕾后，将柴胡留茬10 cm后，割掉花薹。

77. 柴胡主要病虫害有哪些？如何防治？

根据调查，危害柴胡的害虫主要有 12 科 18 种。危害地上部的害虫，苗期主要是蚜虫，开花现蕾至结实期主要是赤条蝽和两种蛾类幼虫（一种为螟蛾，一种为法氏柴胡宽蛾）；危害地下部根茎的害虫主要是蛴螬、地老虎、金针虫。尤其在繁种田，赤条蝽和蛾类幼虫危害最盛，经常将花蕾全部危害，造成繁种田颗粒无收。

（1）螟蛾幼虫及法氏柴胡宽蛾幼虫。幼虫（彩图 14）取食柴胡生长点的嫩叶、花柄、花蕾及未成熟的果实。

防治方法：①抽薹后、开花前及时割除地上部的茎叶，并集中带出田外，晾干后作柴胡苗出售。②人工捕杀。如果虫量较少，可以人工捕捉，利用其受惊吓掉落的习性，收集幼虫集中消灭；或直接从柴胡植株上采集幼虫消灭。③药剂防治。选用 4.5％高效氯氰菊酯乳油 1 000 倍液，或 5％辛硫磷乳油 1 000 倍液、5％氯虫苯甲酰胺悬浮剂 1 000 倍液，5％甲氨基阿维菌素苯甲酸盐 4 000 倍液等，于早晨露水干后至 10:00 之前或 17:30 后喷雾防治，首次用药后，7～10 天再进行 1 次扫残防治，防治效果可达 98％以上。

（2）赤条蝽（彩图 15）。防治方法：①农业防治。秋、冬季清除柴胡种植田周围的枯枝落叶及杂草，沤肥或烧掉，消灭部分越冬成虫，于卵期采摘卵块，集中处理。②生物防治。初孵幼虫期用 0.3％苦参碱植物杀虫剂 500～800 倍液喷雾防治。③化学防治。8—9 月在成虫和若虫危害盛期，选用 50％辛硫磷乳油 1 000 倍液、或 4.5％高效氯氰菊酯乳油 1 500 倍液、或 1.8％阿维菌素乳油 1 500 倍液喷雾防治，高峰期 5～7 天喷 1 次，连续防治 2～3 次。收获前 15 天停止用药。

（3）蚜虫。柴胡田间蚜虫有两种，一种是在秋季越冬前、早春柴胡返青后危害柴胡的基生叶，一种危害抽薹后柴胡的嫩茎（彩图 16），开花后危害花梗。

防治方法：①生物防治。前期蚜量少时，利用瓢虫等天敌，进行自然防控；无翅蚜发生初期，用 0.3％苦参碱乳剂 800～1 000 倍液或天然除虫菊酯2000倍液等喷雾防治。②药剂防治。用10％吡虫啉可湿性粉剂1000倍液、3％吡虫清乳油1500倍液、2.5％联苯菊酯乳油3000倍液或4.5％高效氯氰菊酯乳油1500倍溶液喷雾防治，用药一周后，发现仍有少量残虫，可用同样方法防治扫残1次即可。

(4) 根腐病。多发生于二年生植株和高温多雨季节。初感染于根的上部，病斑灰褐色，逐渐蔓延至全根，使根腐烂，严重时成片死亡。

防治方法：①农业防治。选择未被污染的土壤，使用充分腐熟的农家肥和磷肥，少用氮肥；与禾本科作物轮作。②合理施肥。适施氮肥，增施磷钾肥，提高植株抗病能力。③及时割薹（彩图17）。减少田间郁闭，注意排水。④药剂防治。发病初期用70％甲基硫菌灵可湿性粉剂700倍液，或20％灭锈胺乳油150～200倍液，或75％代森锰锌络合物800倍液灌根，每隔7天用1次，连灌2～3次。

(5) 斑枯病。夏、秋季易发生，8月为发病盛期。主要危害茎叶。茎叶上病斑近圆形或椭圆形，发病严重时，病斑汇聚连片，叶片枯死（彩图18），影响柴胡正常生长。

防治方法：①入冬前彻底清园，及时清除病株残体并集中烧毁或深埋；②加强田间管理，及时中耕除草，合理施肥与灌水，雨后及时排水；③发病初期用50％多菌灵可湿性粉剂600倍液，或75％代森锰锌络合物800倍液，或70％甲基硫菌灵可湿性粉剂800～1000倍液等喷雾防治，视病情用药3～4次，每次间隔10～15天。

78. 柴胡如何采收和初加工？

柴胡一般在春、秋季采收。采收时，先顺垄挖出根部，留芦头0.5～1厘米，剪去干枯茎叶，晾至半干，剔除杂质及虫蛀、霉变的柴胡根，然后分级捋顺，捆成0.5千克重的小把，再晒干。分级标准为：直径0.5厘米以上，长25厘米以上为一级；直径0.2～0.4厘米，长20～25厘米为二级；直径0.2厘米，长18～20厘米为三级。

（十）知母

79. 种植知母如何选地、整地？

知母为多年生草本，根茎横生于地下。知母喜温暖气候，耐寒、耐旱，适应性很强。种植知母要选择地势向阳、排水良好、疏松的腐殖质壤土和沙质壤土。仿野生栽培可利用荒坡、梯田、河滩等地栽培。育苗和集约栽培地，结合整地亩施腐熟有机肥 3 000 千克作为基肥，均匀撒入地内，深耕耙细，整平后做平畦。

80. 知母繁殖方式有哪几种？

知母繁殖方式有种子繁殖和分株繁殖两种。

（1）种子繁殖。选择三年生以上无病虫害的健壮植株，于 8 月中旬至 9 月中旬采集成熟果实，晒干，脱粒，当年播种。播种前，将种子用 60 ℃温水浸泡 8～12 小时，捞出，晾干外皮，用种子 2 倍质量的湿润河沙拌匀，在向阳温暖处挖浅窝，将种子堆于窝内，上面盖土，厚 5～6 厘米，再用薄膜覆盖催芽，待种子露白时，即可取出播种。春、夏、秋播均可。春播在 3 月下旬至 4 月上旬，在整好的畦上，按行距 30 厘米开深 2 厘米的浅沟，将催芽种子均匀撒入沟内，覆土，播后保持土壤湿润，10～12 天便可出苗。夏播在 6 月中旬至 7 月下旬，方法同春播。秋播于 10 月底至 11 月初播种，翌年 3—4 月出苗。

（2）分株繁殖。于早春或晚秋，将 2 年生的根茎挖出，带须根切成 3～5 厘米的小段，每段带芽头 2～3 个。在备好的畦上，按行距 30 厘米，深 4～5 厘米开横沟，将切好的种茎按株距 15～20 厘米平放于沟内，覆土，压实，浇透水，一般 15～20 天出苗。

81. 知母如何栽植与田间管理？

（1）栽植。栽时按行距 18～20 厘米、株距 5～7 厘米，开沟深 4～5 厘米横向平栽，栽后覆土、压实、浇水。定植苗宜带较多的须根，有利成活。栽植后注意松土宜浅，以耧松地表土为度。知母耐瘠薄耐旱，可与花椒树等经济树种进行间作套种以提高整体经济效益

（彩图 19）。

（2）施肥。苗期，每亩施尿素 15 千克；旺盛生长期，每亩施复合肥 30 千克。2～3 年生知母，在春季萌发前，每亩施磷酸二铵 20 千克。7—8 月生长旺盛期，每亩喷施 0.3％ 磷酸二氢钾溶液，隔 15 天再喷 1 次。

（3）排灌。干旱时，及时浇水；封冻前灌一次越冬水，防冬旱。雨后及时疏沟排水。

82. 如何防治知母的主要病虫害？

危害知母苗和地下根茎的害虫主要是蛴螬，常咬断根茎，造成缺棵。

防治方法：①农业防治。冬前将栽种地块深耕多耙，杀伤虫源，减少幼虫的越冬基数。②物理防治。利用成虫趋光性在成虫盛发期用黑光灯诱杀成虫，一般每 50 亩地安装一台黑光灯。③生物防治。防治幼虫施用乳状菌和卵孢白僵菌等生物制剂，乳状菌每亩用 1.5 千克菌粉，卵孢白僵菌每平方米用 2.0×10^9 个孢子。④化学防治。用 50％辛硫磷乳油 800 倍液灌根，或每亩用 50％辛硫磷乳油 0.25 千克与 80％敌敌畏乳油 0.25 千克混合后拌细土 30 千克，或每亩用 5％毒死蜱颗粒剂 0.6～0.9 千克兑细土 25～30 千克，在播种或栽植前均匀撒施田间后浇水整地。

83. 知母如何采收与加工？

种子繁殖的知母一般 3～4 年采收。采收时期宜在秋后植株枯萎后至翌年春季发芽前进行，秋冬采收不宜过早，在土壤封冻前采挖即可，此时植株枯萎，根茎肥大，质地优良，养分充足。春季采收解冻即可采挖，采挖时，先在栽培畦的一端挖出一条深沟，然后顺行挖出全根，抖掉泥土，采挖时一定要小心，切勿挖断根茎。

知母产地加工时，有两种加工法，分毛知母和知母肉。

（1）毛知母。将采挖得到的知母根茎，去掉地上的芦头和地下的须根，晒干或烘干。然后，先在锅内放入细沙，将根茎投入锅内，用文火炒热，炒时不断翻动，炒至能用手搓擦去须毛时，再将根茎捞出，放在竹匾上趁热搓去须毛，但须保留黄茸毛，晒干即成毛知母。

（2）知母肉。将挖出的根茎先去掉芦头及地下须根，趁鲜用小刀刮去带黄茸毛的表皮，晒干即是知母肉。知母肉一般亩产干货 300～400 千克，折干率 25％～30％。

（十一）射干

84. 种植射干如何选地、整地？

射干适应性强，对环境要求不严，喜温暖、耐寒、耐旱，在气温 −17℃地区可自然越冬（彩图 20）。一般山坡、田边、路边、地头均可种植。但以地势较好、向阳、肥沃、疏松、排水良好的中性土壤为宜，低洼积水地不宜种植。整地时每亩用腐熟有机肥 3 000 千克、复合肥 50 千克，结合耕地翻入土中，耕平耙细，做畦。

85. 射干繁殖方式有哪几种？

射干种子外包一层黑色、有光泽且坚硬的假种皮，内有一层胶状物质，通透性差，较难发芽。射干繁殖方式有种子育苗、根茎繁殖、分株繁殖、扦插繁殖 4 种。

（1）种子育苗。种子育苗是射干繁殖的主要方式，包括以下几个关键环节：

① 种子采收。射干播种后 2 年或移栽当年即可开花，当果实变为绿黄色或黄色，果实略开时采收。果期较长，分批采收，集中晒至种子脱出，除去杂质，沙藏、干藏或及时播种。

② 种子处理。播前 1 个月取出，用清水浸泡 1 周，期间换水 3～4 次，并加入细沙搓揉，再在清水中浸泡 1 周，之后捞出，沥干水分，用于春播或秋播。

③ 播种。育苗田中，按行距 10～15 厘米、深 3 厘米、宽 8 厘米开沟播种，播后 20～25 天可出齐苗。直播田中，在备好的畦面上，按行距 30 厘米，株距 25 厘米开穴，每穴施入土杂肥或干粪肥少许，与底土拌匀，上盖 2 厘米厚细土，每穴撒入 5～6 粒种子，覆土、浇水、盖草，以利保墒。

④ 春季育苗。一般要求有一定的水浇条件，在清明节前后进行。

育苗时，应先浇地造墒，然后开沟播种。播后 20～25 天，种子已开始发芽，但尚未出苗前，每亩用 12％草甘膦水剂 250～300 毫升兑水 50 千克，进行地面喷雾，封地灭草。当射干苗出苗，达到 5～7 片叶时，如田间杂草较多，亩用 24％烟嘧磺隆·莠去津可分散油悬浮剂 180 克，兑水 50 千克喷雾防治。

⑤ 秋季育苗。一般在秋季作物田间进行，育苗时应先进行田间人工中耕除草，如采用化学除草，与育苗的时间间隔最少 1 个月。育苗一般在 7 月上中旬进行，育苗时，在秋季作物行间按行距开沟播种。出苗后及时进行人工除草。秋季作物收获后，视田间杂草密度和种类，亩用 10％苯磺隆 30 克，兑水 30千克进行射干育苗田杂草的春草秋治。

视频 3
射干移栽

（2）根茎繁殖。春季或秋季，挖取射干根茎，切成若干小段，每段带 1～2 个芽眼和部分须根，置于通风处，待其伤口愈合后栽种。栽种时，在备好的畦面上，按行株距 20 厘米×25 厘米开穴，穴内放腐殖土或土杂肥少许，与穴土拌匀，每穴栽入 1～2 段射干根茎，芽眼向上，覆土压实，浇水保湿。

（3）分株繁殖。可与收获同时进行，选择无病害、无损伤、色泽鲜黄的根状茎，按分枝将其切断，每株根状茎带 1～2 枚根芽，放置在阴凉地方晾干，待其伤口愈合后开穴种植。穴深 5～6 厘米，每穴 1 株，将芽头向上，待开春后即可出苗。

（4）扦插繁殖。剪取开花后的地上部分，剪去叶片，切成小段，每段须有 2 个茎节，待两端切口稍干后，插于穴内，穴距与分株繁殖相同，覆土后浇水，并稍加荫蔽，成活后，追 1 次稀肥。扦插成活的植株，当年生长缓慢，翌年即可正常生长，扦插也可在苗床进行，成活后再移栽大田。

86. 射干的田间管理技术要点有哪些？

（1）栽植。育苗 1 年后，当苗高 20 厘米时定植。选阴天定植，按行距 40 厘米，株距 25 厘米开穴，每穴栽苗 1～2 株，栽后浇定根水。每亩定植 1.2 万～1.5 万株。

大田直播种植中要及时间苗、定苗、补苗。间苗时要除去过密瘦弱和有病虫的幼苗，选留生长健壮的植株。间苗宜早不宜迟，一般间苗 2 次，最后在苗高 10 厘米时进行定苗，每穴留苗 1~2 株。对缺苗处进行补苗，大田补苗和间苗同时进行，选阴天或晴天傍晚进行，带土补栽，浇足定根水。

（2）中耕除草。春季勤除草和松土，6 月封垄后不再除草松土，在根际培土防止倒伏。

（3）浇水、排水。幼苗期保持土壤湿润，除苗期、定植期外，其余生长期不浇或少浇水。对于低洼容易积水地块，应注意排水。

（4）追肥。栽植第二年，于早春在行间开沟，亩施腐熟农家肥 2 000 千克，或饼肥 50 千克，或过磷酸钙 25 千克。

（5）摘薹打顶。除留种田外，其余地块射干苗于每年 7 月上旬及时摘薹（彩图 21）。

87. 如何防治射干的主要病虫害？

射干的主要病害有锈病、叶枯病和射干花叶病，主要虫害有射干钻心虫、地老虎、蛴螬。

（1）锈病。在幼苗和成株时均有发生，秋季危害叶片，呈褐色隆起的锈斑。

防治方法：①农业防治。秋后清理田园，除净带病的枯枝落叶，消灭越冬菌源。增施磷钾肥，促使植株生长健壮，提高抗病力。②生物防治。预计临发病前用 2％农抗 120 水剂或 1％武夷菌素水剂 150 倍液喷雾，每 7~10 天喷 1 次，视病情掌握喷药次数。③化学防治。发病之前或发病初期用 50％多菌灵可湿性粉剂 500~800 倍液，或 70％甲基硫菌灵可湿性粉剂 1 000 倍液喷雾保护性防治。发病后用 25％戊唑醇可湿性粉剂或 15％三唑酮可湿性粉剂 1 000 倍液喷雾。一般每 7~10 天喷 1 次，视病情掌握喷药次数。

（2）叶枯病。初期病斑发生在叶尖缘部，形成褪绿色黄色斑，呈扇面状扩展，扩展病斑黄褐色；后期病斑干枯，在潮湿条件下出现灰褐色霉斑。

防治方法：①农业防治。秋后清理田园，除净带病的枯枝落叶，消灭越冬菌源。②化学防治。在发病初期用50%多菌灵可湿性粉剂600倍液，或70%甲基硫菌灵可湿性粉剂1 000倍液、75%代森锰锌络合物800倍液、50%异菌脲可湿性粉剂800倍液等喷雾防治。每隔7～10天喷1次，一般连喷2～3次。

（3）射干花叶病。主要表现在叶片上，产生褪绿条纹花叶、斑驳及皱缩。有时芽鞘地下白色部分也有浅蓝色或淡黄色条纹出现。

防治方法：①种子处理。播种前用10%磷酸钠水溶液浸种20～30分钟。②消灭毒源。田间及早消灭可传毒蚜虫，发现病株及时拔除并销毁。③药物防治。在用10%吡虫啉4 000～6 000倍液喷雾，或用5%吡虫啉乳油2 000～3 000倍液喷雾等化学药剂，或0.3%苦参碱水剂等植物源药剂控制蚜虫危害不能传毒的基础上，预计发病之前再喷施混合脂肪酸100倍液，或盐酸吗啉胍＋乙酸铜水剂400倍液、三十烷醇＋硫酸铜＋十二基硫酸钠400倍液喷雾或灌根，预防性控制病毒病发生，可缓解症状和控制病害蔓延。

（4）射干钻心虫。又名环斑蚀夜蛾，5月上旬开始以幼虫危害叶鞘、嫩心叶和茎基部，造成射干叶片枯黄，有的从植株茎基部被咬断，地下根状茎被害后引发腐烂，最后只剩空壳。

防治方法：①农业防治。成虫期进行灯光诱杀；在10月底收刨时，正是第四代钻心虫化蛹阶段和老熟幼虫阶段，把铲下的秧立即翻入20厘米深的土内，叶柄基部的蛹或幼虫同时带入土内，致使翌年成虫不能出土羽化，有效减少越冬幼虫基数；及时人工摘除一年生蕾及花，消灭大量幼虫。②化学防治。移栽时用2%甲氨基阿维菌素苯甲酸盐500倍液或25%噻虫嗪乳油1 000倍液浸根20～30分钟，晾干后栽种。在4月下旬和8月中旬钻心虫发生期，用1.8%阿维菌素乳油1 000倍液或4.5%高效氯氰菊酯乳油1 000倍液喷洒在射干秧苗的心叶处，每7天喷1次，防治2～3次。

（5）地老虎。又叫截虫、地蚕。防治方法：①物理防治。成虫产卵以前利用黑光灯诱杀。②毒饵防治。每亩用50%辛硫磷乳油0.5千克，加水8～10千克喷到炒过的40千克棉仁饼或麦麸上制成毒饵，于傍晚撒在秧苗周围和害虫活动场所进行毒饵诱杀。③毒土防治。每亩用50%辛硫磷乳油0.5千克加适量水喷拌细土50千克，在翻耕地时撒施，毒杀地老虎幼虫。④灌根防治。用50％辛硫磷乳油1 000 倍液，将喷雾器喷头去掉，喷杆直接对根部喷灌防治。

（6）蛴螬。防治方法：①农业防治。冬前将栽种地块深耕多耙，杀伤虫源、减少幼虫的越冬基数。②物理防治。利用成虫的趋光性，在其盛发期用黑光灯或黑绿单管双光灯（发出一半黑光一半绿光）或黑绿双管灯（同一灯装黑光和绿光两只灯管）诱杀成虫（金龟子），一般每50亩地安装一台灯。③生物防治。防治幼虫施用乳状菌和卵孢白僵菌等生物制剂，乳状菌每亩用1.5千克菌粉，卵孢白僵菌每平方米用 2.0×10^9 个孢子。④毒土防治。亩用50％辛硫磷乳油0.25千克与80％敌敌畏乳油0.25 千克混合后，兑水2千克，喷拌细土30千克，或用5％毒死蜱颗粒剂，亩用0.6～0.9 千克，兑细土25～30千克，或用3％辛硫磷颗粒剂3～4 千克，混细沙土10 千克制成药土，在播种或栽植时撒施，均匀撒施田间后浇水。⑤灌根防治。用50％辛硫磷乳油800 倍液，将喷雾器喷头去掉，喷杆直接对根部，灌根防治幼虫。

88. 射干如何采收与初加工？

（1）采收。以种子繁殖栽培的射干需3～4 年才可采收，根茎繁殖的需2～3 年收获。一般在春、秋季采收，春季在射干地上部分未出土前采收，秋季在射干地上部分枯萎后采收，选择晴天挖取地下根茎，除去须根及茎叶，抖去泥土，运回加工。

（2）初加工。将除去茎叶、须根和泥土的新鲜根茎晒干或晒至半干，再放入铁丝筛中，用微火烤，边烤边翻，直至毛须烧净为止，再晒干即可。晒干或晒至半干时，也可直接用火燎去毛须，然后再晒，但用火燎时速度要快，防止根茎被烧焦。

（十二）牡丹

89. 种植牡丹如何选地、整地？

牡丹属于典型的温带型植物，喜温暖、湿润、凉爽、阳光充足的环境，较耐寒、耐旱，稍耐半阴，怕高温、水涝。适宜在土层较深

厚、肥沃、疏松、通透性好的中性、微酸性土壤中生长，忌黏性土。因此，种植基地应选择土层深厚、土壤肥沃的沙性土壤。忌连作，前作以芝麻、花生、黄豆为佳。地势选向阳缓坡地，以15°～20°为宜。栽种前1～2个月，每亩施腐熟的农家肥3 000千克和饼肥100～200千克，撒匀；翻地30～50厘米深，要做到底子平、不积水，以免烂根；耙细整平作畦。

90. 牡丹的繁殖方式有哪几种？

牡丹的繁殖方式有种子繁殖、分株繁殖、扦插繁殖3种。

（1）种子繁殖。

① 种子采集。选4～5年生、无病害健壮植株，8月中下旬至9月上旬，当荚果陆续成熟，果实呈现蟹黄色，腹部开始破裂时分批摘下，摊放室内阴凉潮湿地上，经常翻动，待大部分果壳开裂，筛出种子；选粒大饱满的种子作种，立即播种。若不能及时播种，要用湿沙土分层堆积在阴凉处，贮藏时间不能超过9个月，时间过长种子会在沙中生根。每亩用种量30～35千克。

② 种子处理。播种前进行水选，去掉浮水杂质及不成熟的种子，取沉在底部的大粒饱满种子，用50℃温水浸种24小时，或用250毫克/千克的赤霉素溶液浸泡3～4小时，有利于提高种子发芽率。

③ 播种期。牡丹种子一般在8—10月播种。

④ 播种方法。条播或穴播。条播按行距25厘米开沟，沟深5厘米，播幅约10厘米，将拌有湿草木灰的种子播入沟内，然后覆细土3厘米厚，最后盖草。每亩用种30～50千克。穴播行株距30厘米×20厘米，挖圆穴，穴深4～6厘米，每穴均匀播4～5粒种子，覆细土约4厘米厚，再盖草厚4厘米左右，防寒保湿。每亩播种量12～15千克。如遇干旱应及时浇水。一般幼苗于翌年9—10月移栽，大小苗要分别栽种便于管理。

（2）分株繁殖。无性繁殖多采用分株繁殖的方法，种株以3年生的为好。在采收时将牡丹全株挖起，抖落泥土，顺着自然生长的形状，用刀从根茎处分开。分株数目视全株分蘖多少而定，每株留芽2～3个。栽植时宜选小雨后进行，按行株距各40～50厘米打穴，每亩 3 000 穴左右，栽法同育苗移栽。

（3）扦插繁殖。9 月间选 1～2 年生粗壮枝条，于秋分前后，剪成带 2～3 个芽、10～15 厘米长的插穗，两端斜面，用 500 毫克/千克萘乙酸或 300 毫克/千克吲哚乙酸溶液处理插穗下部，按株行距 6 厘米×10 厘米将插穗的 2/3 插入土中，压紧，土壤保持湿度；20～30 天产生不定根，2 个月后形成 6～10 厘米长根系时，可以移栽定植。当年生健壮萌芽枝更容易产生不定根。扦插至移栽前，如遇天气干旱，及时浇水，保持土壤湿润。

91. 牡丹如何栽植与管理？

（1）移栽定植。牡丹可在林下间作套种（彩图 22）。牡丹移栽定植一般以 9 月中旬至 10 月下旬为宜。移栽前先选苗，选根系发达、植株健壮、伤根较少、叶无病斑或变黑、芽饱满无损伤、根部无黑斑或白绢菌丝的种苗，然后将大苗、小苗分开，分别移栽，以免混栽植株生长不齐。

移栽时按行距 50 厘米、株距 40 厘米挖穴，一般穴深 15～20 厘米、长 20～25 厘米，穴底先施入腐熟的菜籽饼肥，使其与底土混合，每穴栽 1～2 株。栽时将芽头靠紧穴壁上部，理直根茎，深度以根茎低于地面 2 厘米左右为宜，向穴中填土至半穴时轻轻提苗并左右摇晃，再继续填土，使根部舒展，覆土压紧，浇透水，1 周后视土壤干湿情况再浇 1 次水。每亩可栽苗 3 000～5 000 穴。在牡丹幼苗期和移栽后第一年可间作少量芝麻，以遮阴防旱。

（2）中耕除草。牡丹在萌芽出土和生长期间，应经常松土除草，尤其是雨后初晴要及时中耕松土，保持表土不板结。自栽后第 2 年起，每年中耕除草 3～4 次，中耕要浅，以免伤根。秋后封冻前的最后一次中耕除草时，伴随培土，防寒过冬。

（3）施肥。牡丹喜肥，每年开春化冻、开花以后和入冬前各施肥 1 次，每亩施人粪 1 500～2 000 千克，或施腐熟的土杂肥、厩肥 3 000～4 000 千克，也可施腐熟的饼肥 150～200 千克；肥料可施在植株行间的浅沟中，施后盖上土，及时浇水。在追肥时，不论饼肥还是粪肥，均不宜直接浇到根部茎叶，一般在距苗 20 厘米处挖 3～4 厘米深的小穴，将肥施入，然后盖上薄土。

（4）灌溉排水。牡丹育苗期和生长期遇干旱，可在早、晚进行沟灌，待水渗足后，应及时排除余水。对刚种植1年的苗地也可铺草防止水分蒸发。牡丹怕涝，积水时间过长易烂根，故雨季要做好排涝工作。

（5）亮根。4—5月，选择晴天，将移栽3～4年生的牡丹根际泥土扒开，亮出根茏，接受光照2～3天，有促进根部生长的作用。

（6）摘蕾与修剪。为了促进牡丹根部的生长，除用于采种的植株外，生产上均将花蕾摘除，使养分供根系生长发育。采摘花蕾应选在晴天露水干后进行，以利伤口愈合，防止病菌侵入。秋末对生长细弱的单茎植株，从基部将茎剪去，翌年春季即可发出3～5枚粗壮新枝，这样也能使牡丹枝壮根粗、提高产量；同时，剪除枯枝黄叶与徒长枝，集中烧毁，以防病虫潜伏越冬。

92. 牡丹的主要病虫害如何防治?

（1）叶斑病。又叫红斑病，初期叶片上可见类圆形褐色斑块，边缘不明显，感染严重时叶片扭曲，甚至干枯、变黑；茎和叶柄上的病斑呈长条形，花瓣感染会造成边缘枯焦，严重时导致整株叶片萎缩枯凋。防治方法：①农业防治。合理密植，控制土壤湿度，适量使用氮肥、多用复合肥和有机肥。发现病株、病叶立即除去。②药剂防治。用50%多菌灵可湿性粉剂600倍液或75%代森锰锌络合物800倍液喷雾防治，7～10天喷1次，连续喷2～3次。

（2）根腐病。多发生于雨季，系雨水过多、地间积水时间过长造成，感病后根皮发黑，病斑水渍状，继而扩散至全根，导致植株死亡。防治方法：①农业防治。合埋施肥，适施氮肥，增施磷钾肥，提高植株抗病能力；选择地势高燥，排水良好的地块，做高畦；清洁田园，清除病株并集中烧毁；用10%石灰水对病穴消毒。②药剂防治。用70%甲基硫菌灵可湿性粉剂800倍液或75%代森锰锌络合物800倍液淋穴或浇灌病株根部，或用3%噁霉灵·甲霜灵水剂600～800倍液喷灌。一般每7～10天喷1次，连续喷3～4次。

（3）灰霉病。受害幼苗基部出现褐色水渍斑，严重时幼苗枯萎并倒伏；被感染叶片的叶面上，尤其是叶缘和叶尖出现褐色、紫褐色水渍斑；感染的叶柄和茎上出现长条形、略凹陷的暗褐色病斑，染病花瓣变色、干枯或腐烂。该病的主要特点是天气潮湿时病部可见灰色霉层。防治方法：一是要合理安排植株密度，适量使用氮肥，雨后及时排去积水；及时除去病叶、病株；二是用 70％甲基硫菌灵可湿性粉剂 800 倍液、50％异菌脲可湿性粉剂 800 倍液、30％醚菌酯可湿性粉剂 1 500 倍液喷雾，每隔 10～15 天喷 1 次，连续喷 2～3 次。

（4）根结线虫病。主要危害根部，被感染后根部出现大小不等的瘤状物，黄白色，质地坚硬，切开后可发现有白色、有光泽的线虫虫体。受害根系短而蓬乱，维管组织受损，使植株地上部分生长不良，严重时造成叶片变黄、早落，主根畸形。防治方法：①农业防治。分根繁殖时选无根结者做种根，剔除带有成虫的种根，应及时清除田间杂草；发现受害病株后，可将病株根放在 48～49 ℃ 温水中浸泡 30 分钟。②药剂防治。用 80％二氯异丙醚乳油颗粒穴施，每株 5～10 克，穴深 5～10 厘米，1 年 1 次。

（5）蛴螬。防治方法：早晨将被害苗、株附近土壤扒开，进行捕杀；灯光诱杀成虫；用 50％辛硫磷乳油或 90％敌百虫 1 000～1 500 倍液浇注根部；每亩用 3％辛硫磷颗粒剂 2 千克，拌湿润的细土 20～50 千克，结合中耕除草沿垄撒施。

（6）地老虎。防治方法：在清晨日出之前，在被害苗附近人工捕杀；在低龄幼虫期，用 98％的敌百虫晶体 1 000 倍液或 50％辛硫磷乳油 1 000 倍液喷雾防治；在幼虫高龄阶段可采用毒饵诱杀，每亩用 98％的敌百虫晶体或 50％辛硫磷乳油 100～150 克溶解在 3～5 千克水中，喷洒在 15～20 千克切碎的鲜草或其他绿肥上，边喷边拌均匀，傍晚顺行撒在幼苗周围，防治效果显著。

另外，危害牡丹的还有蝼蛄、钻心虫等。发现虫害，可用 80％敌百虫可溶性粉剂 800～1 000 倍液喷雾防治。

93. 如何进行牡丹皮的采收与产地加工？

（1）采收。以分株繁殖的牡丹生长 3～4 年和以种子播种的牡丹生长 4～6 年即可采收，采收多在每年枝叶黄萎时进行，河北一般在

10月中下旬的秋后进行，此时采挖的牡丹皮，肉粉厚，肉色粉白，质硬，可久存，产量和质量都较好。采挖时要选择晴天，先深挖四周，将泥土刨开，再将根部全部挖起，抖去泥土，结合分根繁殖，将大中根条自基部剪下，加工供药用，较细的根连同其上的蔸芽留作繁殖材料。

（2）产地加工。将剪下的牡丹鲜根堆放1～2天，待失水稍变软后，剪下须根，晒干即为"丹须"。用手紧握鲜根，用力捻转顶端，使一侧破裂，再把木心顺破裂口往下拉，边分离边剥除木心，晒干。在摊晒时，应趁根皮柔软时，将根理直，严防雨水或冰冻，引起色泽泛红甚至变质。一般牡丹皮亩产干货250～350千克，高产时可达500千克，折干率为35%～40%。

（十三）芍药

94. 芍药生产中的品种类型有哪些？

芍药是毛茛科芍药属多年生草本植物，其根入药，仍称为芍药，是常用中药材品种之一。历代本草认为以"单瓣红花"芍药入药为佳，认为观赏芍药的药用质量较差。南朝医学家陶弘景开始将芍药分为赤芍、白芍两种。赤芍为野生品，入药以原药生用，其功用为凉血逐瘀；白芍为栽培品，经刮皮、水煮、切片、晒干而成，功效为补血养阴。临床应用中多用白芍，赤芍使用较少。白芍主产于安徽、浙江、四川，各个地区又有各自的品种类型，产于安徽亳州的称亳白芍，产于浙江杭州的称杭白芍，产于四川中江地区的称川白芍或中江白芍，其中，尤以杭白芍品质最佳。此外，山东、江苏、河南、江西、湖南、贵州、陕西、河北等省办有栽培。目前，我国药用芍药有6个栽培品种，分别为亳州芍药、菏泽芍药、白花川芍药、红花川芍药、白花杭芍药和红花杭芍药。

95. 种植芍药如何选地、整地？

（1）选地。芍药喜温和、耐旱忌湿，喜阳光而又耐半阴，适宜种植在土层深厚、排水良好、疏松肥沃、富含腐殖质的沙质壤土、夹沙黄泥土或淤积泥沙壤土中。盐碱地不宜栽种，忌连作，可与紫菀、红花、菊花、豆科作物轮作。

（2）整地。施足基肥，每亩施腐熟的有机肥 2 000～2 500 千克，将土地深翻 40 厘米以上，整细耙平。在便于排水的地块，起垄栽种；在排水较差的地块，采用高畦，畦面宽约 1.5 米，畦高 17～20 厘米，畦沟宽 30～40 厘米。

96. 芍药繁殖方法有哪些？

芍药的繁殖方式有分根繁殖、芽头繁殖和种子繁殖 3 种。生产上以分根繁殖、芽头繁殖为主。

（1）分根繁殖。在 9 月下旬至 10 月上旬，先将地上茎叶从靠近地面处剪去，然后将根整个挖出，抖去泥土。按其芽和根的自然形状切分成 2～4 株，每株留 1～2 个芽和 1～2 条根，根长宜 18～22 厘米，剪去过长的根和侧根。切口处用草木灰或硫黄粉涂抹，以防腐烂。每亩用种根 100～120 千克。栽埋深度以新苗芽头低于地面 5～8 厘米为宜。药用栽培的芍药 3～5 年可分株 1 次。

（2）芽头繁殖。选取形体粗壮，芽苞饱满，色泽鲜艳，无病虫害的芽头留种繁殖。切下的芽头以留有 4～6 厘米长的根为好，然后按芽头的大小、芽苞的多少，切成 2～4 块，每块有 2～3 个芽苞。将切下的芽头置室内晾干切口，暂时沙藏或窖藏。

（3）种子繁殖。8 月中下旬，采集成熟而饱满的种子，随采随播，或立即用湿润黄沙混拌贮藏于阴凉通风处，9 月中下旬播种。采用条播法，每亩用种 30～40 千克，按行距 20～25 厘米开沟，将种子均匀地撒入沟内，覆土 1～2 厘米深，稍镇压，翌年 4 月可出苗。采用种子繁殖，需要 2～3 年才能定植，芍药生长周期长，故生产上应用较少。

97. 芍药如何栽植与管理？

（1）栽植。芍药 8—10 月种植，按芍芽大小分别栽植。一般行株距 50 厘米×30 厘米，每亩栽 4 000～4 500 株。穴栽，每穴放芽头 1～2 个，埋在地下 3～6 厘米为宜，盖熏土并施人粪尿，覆土细堆成馒头状小堆，以利越冬。翌年3月上旬前后，芍芽萌发前平土。

（2）中耕培土。早春松土保墒。芍药出苗后每年中耕培土3~4次。10月下旬土壤封冻前，在离地面5~7厘米处割去茎叶，并在根际周围培土，高10~15厘米，以保护芍芽安全越冬。

（3）施肥。芍药喜欢肥沃的土壤，除施足基肥外，还要合理追肥。栽后1~2年要结合中耕进行追肥，第3年芍药进入旺盛生长期，肥水的需要量相对增加。一般每年追肥2次，第一次在3月齐苗后，每亩施尿素20千克和饼肥25千克；第二次在8月，亩施复合肥30千克。第四年在春季追肥1次即可，每亩追施高磷复合肥50~75千克。

（4）排水。芍药喜旱怕水。栽种时，采用起垄或高畦栽培，以利排水。多雨季节时，如田间积水，要及时排出，防止沤根。

（5）摘蕾。4月下旬，芍药现蕾时，及时摘除花蕾，减少养分损耗，促使根部膨大。

98. 芍药有哪些常见病虫害？如何防治？

芍药的常见病害有白粉病、灰霉病、锈病和叶斑病。芍药常见的虫害有蛴螬、地老虎、金针虫、蚜虫。

（1）白粉病。主要危害叶片。发病初期在叶面产生白色、近圆形的白粉状霉斑，白斑向四周蔓延，连接成边缘不整齐的大片白粉斑，其上布满白色至灰白色粉状物，最后全叶布满白粉，叶片枯干，后期白色霉层上产生多个小黑点（彩图23）。中老龄叶片易发病。雨水较多、雨晴交替的天气有利于白粉病发生，凉爽或温暖干旱的气候易造成病害流行，土壤缺水或灌水过量、氮肥过多、枝叶生长过密、窝风和光照不足等，均易引发该病。

主要防治方法：①农业防治。及时清理病株，彻底深埋病残体，地表喷洒45%石硫合剂结晶20~30倍液；增施磷、钾肥，增强植株抗病能力；合理密植，保证通风透光。②药剂防治。发病初期可用25%三唑铜可湿性粉剂1 000倍液、25%丙环唑乳油2 500倍液喷叶，每7~10天喷1次，连喷2~3次。

（2）灰霉病。主要危害叶片。受害叶病斑褐色，近圆形，有不规则轮纹；茎上病斑菱形，紫褐色，软腐后植株倒伏；花受害后变为褐色并软腐，其上有一层灰色霉状物；高温多雨时发病严重。

主要防治方法：①农业防治。选用无病植株种栽，合理密植，加强田间通风透光，清除被害枝叶，集中烧毁；忌连作，宜与玉米、高粱、豆类作物轮作。②药剂防治。发病初期，用50％咯菌腈可湿性粉剂4 000～6 000倍喷雾，或50％腐霉利可湿性粉剂，或50％灭霉灵1 500～2 000倍液防治，每7～10天喷1次，交替连喷2～3次。

（3）锈病。主要危害叶片。在5月开花后发生，7—8月发生严重，开始叶面无明显病斑，叶背生黄褐色颗粒状的夏孢子堆；后期叶面呈现圆形或不规则形灰褐色病斑，背面则出现刺毛状的冬孢子堆。

主要防治方法：①农业防治。清除残株病叶或集中烧毁，减少越冬菌源；选地要求地势高燥，排水良好；②药剂防治。用25％戊唑醇可湿性粉剂1 500倍液，或12.5％的烯唑醇1 500倍液，或25％丙环唑乳油2 500倍液，或40％氟硅唑乳油5 000倍液等喷雾防治，每7～10天用1次，交替连喷2～3次。

（4）叶斑病。主要危害叶片。发病初期，叶正面呈现褐色近圆形病斑，后逐渐扩大，呈同心轮纹状；后期叶上病斑散生，圆形或半圆形，褐色至黑褐色，有明显的密集轮纹，边缘有时不明显，天气潮湿时，病斑背面产生黑绿色霉层。严重时叶片枯黄、焦枯，生长势衰弱，提早脱落。

主要防治方法：①农业防治。发现病叶，及时剪除，防止再次侵染危害；秋冬彻底清除病残体，集中烧毁，减少翌年初侵染源。②药剂防治。喷药最好在发病前或发病初期，可选70％甲基硫菌灵可湿性粉剂800倍液，或50％多菌灵可湿性粉剂600倍液，或80％代森锰锌可湿性粉剂800倍液，或25％醚菌酯悬浮剂1 500倍液等喷雾，药剂应轮换使用，每7～10天喷1次，连续喷2～3次。

（5）地下害虫蛴螬、金针虫、地老虎。地下害虫主要取食芍药的根及茎的地下部分，直接影响其生长，严重降低其商品性。

主要防治方法：①施用的粪肥要充分腐熟，最好用高温堆肥；②灯光诱杀成虫，即在田间用黑光灯或马灯进行诱虫，灯下放置盛虫的容器，内装适量的水，水中滴少许煤油；③用75％辛硫磷乳油，按种量0.1％拌种；④田间发生虫害期间用90％敌百虫1 000倍液或

75％辛硫磷乳油700倍液浇灌；⑤毒饵诱杀，用25克氯丹乳油拌炒香的麦麸5千克，加适量水配成毒饵，于傍晚撒于田间或畦面诱杀。

（6）蚜虫。吸食芍药叶片的汁液，使被害叶卷曲变黄，幼苗长大后，蚜虫常聚生于嫩梢、花梗、叶背等处，使花苗茎叶卷曲萎缩，严重的可导致全株枯萎死亡。

主要防治方法：①物理防治。采用黄板诱杀法，在翅蚜发生初期，每亩放30～40块黄板。②生物防治。前期蚜量少时可以利用瓢虫等天敌，进行自然防控，无翅蚜发生初期，用0.3％苦参碱乳剂800～1 000倍液，或天然除虫菊酯2 000倍液等植物源杀虫剂喷雾防治。③药剂防治。用10％吡虫啉可湿性粉剂1 000倍液，或3％吡虫清乳油1 500倍液，或2.5％联苯菊酯乳油3 000倍液、4.5％高效氯氰菊酯乳油1 500倍液，或50％抗蚜威2 000～3 000倍液，或50％吡蚜酮2 000倍液，或25％噻虫嗪水分散粒剂5 000倍液，或50％烯啶虫胺4 000倍液或其他有效药剂交替喷雾防治。

99. 芍药如何采收和加工？

（1）采收。芍药一般种植3～4年后采收，以9月中旬至10月上旬采收为宜。采收时，宜选择晴天割去茎叶，先掘起主根两侧泥土，再掘尾部泥土，挖出全根，起挖时谨防伤根。由于芍药苷的含量并非随着根直径的增加而提高，较细的根中芍药苷含量反而较高，因此，对于无病虫害且相对较细的根同样可以采收。

（2）加工。芍药以根入药，分为赤芍和白芍两个药用品种，白芍加工时去皮并用沸水煮制晒干，质地紧密，药材颜色淡白色或夹杂淡红，其中杭白芍是浙江的浙八味道地药材之一；赤芍加工时直接生品晒干，质地较松，药材颜色偏红褐。

① 白芍加工法。将芍根分成大、中、小三级，分别放入沸水中大火煮沸5～15分钟，并不时上下翻动，待芍根表皮发白，有蒸气时，折断芍根能捎动，切面已透心时，迅速捞出放入冷水内浸泡20分钟，然后用竹签、刀片等手工刮去褐色的表皮，放在日光下晒制。

② 赤芍加工法。分全去皮、部分去皮和连皮3种方法。

全去皮：即不经煮烫，直接刮去外皮晒干。

部分去皮：即在每支芍条上刮 3～4 刀去皮。

连皮：即采挖后，去掉须根，洗净泥土，直接晒干。全去皮与部分去皮的白芍应在晴天上午 9 时至下午 3 时进行加工比较好，用竹刀或玻璃片刮皮或部分刮皮，晒干即得。

（十四）白芷

100. 种植白芷如何选地、整地？

白芷适应性很强，喜温暖湿润气候，怕热，耐寒性强。白芷是深根植物，宜在耕作层深、土质疏松肥沃、排水良好、温暖向阳、比较湿润的沙质壤土地种植，不宜重茬。白芷对前作作物选择不甚严格，一般棉花地、玉米地均可栽培。前茬作物收获后，每亩施腐熟的农家肥 2 000～3 000 千克，过磷酸钙 50 千克作基肥；及时翻耕 30 厘米以上，做畦，耙细整平。

101. 白芷如何播种？

白芷用种子繁殖，应选用当年收获的种子，成熟种子当年发芽率为 80%～86%；隔年种子发芽率很低，甚至不发芽。

播种分春播和秋播，适时播种是白芷高产优质的重要保证，应根据气候和土壤肥力而定。春播于 4 月上中旬进行，但产量和品质较差。通常采用秋播，秋季气温高则迟播，低则早播；如气温高但播种早，在当年冬季生长迅速，则将有多数植株在播后第二年抽薹开花，如气温低但播种过晚，则白芷播后长时间不能发芽，影响生长与产量。土壤肥沃可适当迟播，相反则宜稍早。一般在 8 月下旬至 9 月初播种。播种时在整好的畦面上，按行距 30 厘米开 1.5 厘米深的浅沟，将种子与细沙土混合，均匀地撒于沟内，覆土，盖平，稍压实。播种量为 1.5 千克/亩，播后 15～20 天出苗。

102. 白芷如何进行田间管理？

（1）间苗、定苗。白芷幼苗生长缓慢，秋播当年一般不间苗，翌年早春返青后，苗高 5～10 厘米时，开始间苗，间去过密的瘦弱苗，按株距 12～15 厘米定苗，呈三角形错开，以利通风透光。定苗时应将生长过旺，叶柄呈青白色的大苗拔除，以防提早抽薹开花。

（2）中耕除草。结合间苗进行中耕除草，第一次在浅表松土，不能过深，否则主根不向下扎，叉根多，影响品质。苗高 6～10 厘米时，中耕稍深一些。封垄前要除净杂草，封垄后不宜再进行中耕除草。浇水后及雨后及时中耕，保持田间土壤疏松无杂草。中耕时勿伤主根。

（3）追肥。白芷虽属喜肥植物，一年可追肥 2 次，但一般春前应少施或不施，以防苗期长势过旺，提前抽薹开花。第一次追肥在封垄前，每亩追施氮、磷、钾复合肥 35 千克，促使根部粗壮，防止倒伏。第二次在 8 月根茎膨大期追施尿素 20 千克。

（4）灌溉排水。白芷喜湿，但怕积水。播种后，如土壤干旱应立即浇水，幼苗出土前保持畦面湿润，这样才利于出苗。幼苗越冬前要浇透水 1 次。翌年春季以后可配合追肥灌水。如遇雨季田间积水，应及时开沟排水，避免烂根及病害发生。秋播白芷在翌年春天出苗后浇水 1 次；追肥后及时灌水；收获前可酌情灌水。

（5）拔除抽薹苗。播后第二年 5 月若有植株抽薹开花，应及时拔除。

103. 如何防治白芷的主要病虫害？

（1）斑枯病。主要危害叶部，病斑为多角形，病斑部硬脆。初期深绿色，后期为灰白色，上生黑色小点，即病原的分生孢子器（彩图24）。一般在 5 月发病，严重时造成叶片枯死。

防治方法：①在无病植株上留种，清除病残组织，集中烧毁，减少越冬菌源。②发病初期，摘除病叶，用 80% 络合态代森锰锌 800 倍液，或 70% 百菌清可湿性粉剂 600 倍液，或 25% 嘧菌酯悬浮剂 1 500 倍液，或 40% 咯菌腈可湿性粉剂 3 000 倍液等喷雾防治。

（2）根结线虫病。在染病植物的根部，形成大小不等的根结，根结上有许多小根分枝，呈球状，根系变密，呈丛簇缠结在一起，在生长季危害根部，十分严重。

防治方法：轮作是防治根结线虫病的主要措施之一；用 10 亿活

芽孢/克的蜡质芽孢杆菌 4 千克/亩，或 10％噻唑硫磷颗粒剂 3 千克/亩处理土壤，或 1.8％阿维菌素乳油 1 000 倍液灌根。

（3）黄凤蝶。幼虫咬食叶片，仅留叶柄（彩图 25）。白天、夜间均取食叶片，6—8 月幼虫危害严重。成蛹多依附在植株枝条上过冬。

防治方法：①人工捕捉。在虫害零星发生时，可人工捕捉幼虫或蛹，集中处理。②化学防治。尽量选择在低龄幼虫期防治。此时虫口密度小，危害小，且虫的抗药性相对较弱。可选择苏云金杆菌乳剂 200～300 倍液喷雾，或 5％氟啶脲 2 500 倍液，或 25％灭幼脲悬浮剂 2 500 倍液，或 24％虫酰肼 1 000～1 500 倍液。应轮换用药，以延缓幼虫抗性的产生。③植株采收后，及时清除杂草及周围害虫寄主，减少越冬虫源。

（4）蚜虫。以成虫、若虫危害嫩叶及顶部。白芷开花时，若虫、成蚜密集在花序危害。在叶背刺吸汁液的同时传播白芷易感病毒。

防治方法：①在蚜虫发生期可选用 10％吡虫啉 4 000～6 000 倍液喷雾，或 5％吡虫啉乳油 2 000～3 000 倍液喷雾防治，每 7～10 天用 1 次，连续用 2～3 次。②黄板诱蚜。利用有翅蚜对金盏黄色有较强趋性的特点，选用长宽为 20 厘米×30 厘米的薄板，涂金盏黄色，外包透明塑料薄膜，涂凡士林黏捕蚜虫，将板插在田间，距地面高 1 米，即可捕蚜。

104. 白芷如何采收与加工？

（1）采收。春播白芷当年 10 月中下旬收获。秋播白芷翌年 9 月下旬至 10 月上旬采收。一般在叶片枯黄时开始收获。采收过早植株尚在生长，地上部营养仍在不断地向地下根部蓄积，糖分也在不断转化为淀粉，根条粉质不足，影响产量和品质；采收过迟，如果气候适宜，又会萌发新芽，消耗根部营养，同时，淀粉也会向糖分转化，使根部粉性变差，影响产量和品质。采收时选择晴天进行，先割取地上部分，然后小心挖取全根，抖净泥土，运至晒场，进行加工。

（2）采收后的白芷加工方法如下。

① 晒干。将主根上残留叶柄剪去，摘去侧根另行干燥；晒 1～2

天，再将主根依大、中、小三等级分别暴晒，反复多次，直至晒干。晒时忌雨淋。

②烘干。将主根上残留叶柄剪去，摘去侧根，低温烘干。张志梅等比较了不同干燥方法对白芷中欧前胡素、异欧前胡素以及白芷断面性状的影响，认为在35 ℃烘干是最佳方法，所需时间适中，干燥药材的外观性状较好，欧前胡素和异欧前胡素含量较高，且优于传统的硫黄熏干法。

（十五）黄芩

105. 种植黄芩如何选地、整地？

黄芩对土壤要求不严格，但若土壤过于黏重，既不便于整地出苗和保苗，也会影响根的生长和品质，导致根色发黑，烂根增多，产量低，品质差；沙质较重的土壤，肥力低，保水保肥性差，不易高产；而以阳光充足或较为充足，土层深厚、疏松肥沃、排水渗水良好、酸碱度中性或近中性的壤土、沙壤土等为适宜。平地、缓坡地、山坡梯田均可。宜单作种植，也可利用幼龄林果树行间间作套种，提高退耕还林地的利用效率及其经济效益和生态效益。

黄芩单作地块，一般于前茬作物收获后，及时灭茬，施肥深耕，每亩撒施腐熟的农家肥2 000～4 000 千克作底肥，结合施肥适时深耕25 厘米以上，随后整平耙细，去除石块杂草和根茬，达到土壤细碎、地面平整、上虚下实，水分充足。并视当地降雨及地块特点做成宽2 米左右的平畦或高畦，春季采用地膜覆盖种植的，以做成带距100 厘米，畦面宽65～70 厘米，畦沟宽30～35 厘米，高10 厘米的小高畦更为适宜；山区无浇水条件的地块，亦可不做畦，直接种植。间作套种的黄芩，可结合前作物种植进行整地和施用底肥。

106. 黄芩怎么播种？

黄芩主要用种子繁殖，也可用茎段扦插和分株繁殖，但生产上意义不大，生产上种子繁殖主要以种子直播为主，育苗移栽为辅。

（1）播前种子处理。一般大田种植时，或在有浇水条件的地块，直接播黄芩干种子即可。若是无浇水条件的山地，可结合土壤墒情，灵活地进行播前浸种催芽。可用 800 倍的木酢液浸种 5 小时，或用 25 毫克/升的赤霉素溶液及冷水浸种 12 小时，或种子吸水至膨胀，然后将吸足水的黄芩种子，置于 20 ℃左右的温度条件下保湿催芽，每天翻种子 1～2 次，并视种子干湿情况适当加水，待少部分种子裂口露白时即可播种。

（2）播种时间。春、夏、秋季均可播种。春播在 3 月中旬至 4 月底，一般在土壤水分充足或有灌溉条件的情况下，以 5 厘米深的土壤地温稳定超过 15 ℃时播种为宜。无浇水条件的山坡旱地、幼龄果树行间，可在夏季 7—8 月或秋季于大豆和玉米行间套种黄芩，出苗快，易保苗，能充分利用土地和生长季节，节省除草用工，缩短生产年限。

（3）播种方式。播种时，按行距 40 厘米，开深 3～4 厘米、宽 10 厘米左右，且沟底平的浅沟，每亩播种量 1.5～2 千克，将种子均匀地撒入沟内，随后覆湿土 1～2 厘米厚，并适时进行镇压。山区退耕还林地的果树行间套种黄芩，雨季播种时也可采用宽带撒播的方式；平地大面积种植时，使用小粒谷物密植播种机采取多密一稀的播种方式为宜。

107. 如何进行黄芩的田间生产管理？

（1）间苗、定苗和补苗。黄芩齐苗后，应视保苗难易分别采用 1 次或 2 次的方式进行间苗和定苗。易保苗的地块，可于苗高 5～7 厘米时，按照株距 6～8 厘米交错定苗，每平方米留苗 60 株左右；地下害虫严重、难保苗的地块，应于苗高 3～5 厘米时对过密处进行疏苗；苗高 8～10 厘米时定苗。结合间苗、定苗，对严重缺苗部位进行移栽补苗，要带土移栽，栽前或栽后及时浇水，以确保栽后成活。为了节省间苗、定苗用工和生产成本，应推广宽带撒播和过密处简单疏苗的间苗、定苗方式。

（2）除草。适时除草、控制杂草蔓延，是确保黄芩正常生长，实现黄芩高产和高效益的重要基础。第一年通常要松土除草 3～4 次；第二年以后，每年春季返青出苗前，耧地松土、清洁田园；返青后视情况中耕除草 1～2 次至黄芩封垄即可。规模化种植黄芩，应在国家中药材生产质量管理规范调整的基础上，逐渐探索通过调整播期并结合化学药剂的除草方法。

（3）追肥。一般生长 2 年后收获的黄芩，分别于定苗后和返青后各追施 1 次，其中氮肥两次分别为 40％和 60％，磷、钾肥两次分别为 50％，三肥混合，开沟施入，施后覆土，土壤水分不足时应结合追肥适时灌水。可在抽穗前叶面喷施 0.2％磷酸二氢钾 1～2 次。两年追肥总量以纯氮素 6～10 千克（尿素 18 千克左右）、五氧化二磷 4～6 千克（过磷酸钙 30 千克左右）、氧化钾 6～8 千克（硫酸钾 14 千克左右）为宜。

（4）灌水与排水。黄芩在出苗前及幼苗初期应保持土壤湿润，定苗后土壤水分含量不宜过高，适当干旱有利于蹲苗和根深扎，黄芩成株以后，每年春季返青期，或遇严重干旱、追肥时土壤水分不足时，应适时适量灌水。黄芩怕涝，雨季应注意及时松土和排水防涝，以减轻病害发生，避免和防止烂根死亡，改善品质，提高产量。遇天旱及时浇水，翌年春天返青时需要灌溉水 1 次，收获前酌情灌溉水。雨后及时排涝。

（5）摘除花蕾。6—7 月，除留种田外，其余地块的黄芩抽薹后要及时剪去花蕾。

108. 黄芩的主要病虫害有哪些？如何防治？

（1）根腐病。主要危害根部，病部根皮初呈褐色、近圆形或椭圆形小斑点，以后病斑扩大成稍凹陷、呈不规则形病斑，最后整个根部全部染病变黑褐色，根内木质部也变黑褐色，地上茎叶也逐渐变黑褐色枯死。近地面的叶片偶尔也会受害，病斑常自叶缘始发，向内扩展成黑或黑褐色不定形的病斑，湿度大时病部产生少量的白霉。

防治方法：①选择疏松肥沃、排水渗水良好的地块种植。②生长期间适时中耕松土，调节土壤水分与通气状况。③雨季及时排水防涝。④拔除病株，病穴用石灰水消毒。⑤发病初期用 30％噁霉灵＋25％咪鲜胺按 1∶1 复配 1 000 倍液防治，或 10 亿活芽孢/克的枯草芽孢杆菌 500 倍液灌根，每 7 天喷灌 1 次，喷灌 3 次以上。

(2) 灰霉病。危害黄芩嫩叶、嫩茎、花和嫩荚，形成近圆形或不规则形、褐色或黑褐色病斑，也可危害茎基部，病斑环茎一周，病部有灰色霉层，其上的茎叶随即枯死。

防治方法：①农业防治。生长期间适时中耕除草，降低田间湿度；晚秋及时清除枯枝落叶，消灭越冬病源。②药剂防治。喷施50%腐霉利可湿性粉剂，或80%络合态代森锰锌800倍液、50%啶酰菌胺水分散颗粒剂1 500倍液喷雾，每7天喷施1次，连喷2～3次。

(3) 白粉病。主要危害叶片和果荚，产生白色粉状病斑，后期病斑上产生黑色小粒点，导致叶片和果荚生长不良，提早干枯或结实不良甚至不结实。

防治方法：①选择地势较高、通风良好的地块栽植。②雨季注意排水防涝。③发病初期，喷施40%氟硅唑乳油5 000倍液，或12.5%烯唑醇可湿性粉剂1 500倍液，或10%苯醚甲环唑水分散颗粒剂1 500倍液，每10天左右喷1次，连喷2～3次。

(4) 黄翅菜叶蜂。是近年来危害黄芩的新害虫，主要以幼虫蛀荚危害，也可食叶危害。是危害黄芩种子生产的最主要的害虫，对黄芩种子生产造成严重威胁。

防治方法：在黄芩结荚初，黄翅菜叶蜂开始产卵危害时，及时使用5%甲氨基阿维菌素苯甲酸盐乳油3 000倍液，或4.5%高效氯氰菊酯乳油1 500倍液，或50%辛硫磷乳油1 000倍液，或25%灭幼脲悬浮剂2 000倍液，均有良好的防治效果。

(5) 地老虎等地下害虫。大多属于杂食性的地下害虫，主要在早春黄芩返青期危害黄芩近地面的茎部及根部，导致黄芩地上枯萎死亡。

一般情况下，该虫害发生较轻，不必采用药剂防治，人工捕杀即可；在发生严重地块，可用鲜蔬菜或青草作毒饵防治，制作方法是按鲜蔬菜或青草：熟玉米面：糖：酒：敌百虫＝10：1：0.5：0.3：0.3的比例混拌均匀，晴天傍晚撒于田间即可。

109. 黄芩如何采收和加工？

(1) 采收。生长1年的黄芩，由于根细、产量低，有效成分含量也较低，不宜收刨。温暖地区以生长 1.5～2 年、冷凉地区以生长 2.5～3 年时收刨为宜。春、秋季收获均可，但春季收刨黄芩易加工、晾晒，更为适宜。黄芩收获分人工和机械两种方法。人工多用镐刨或铁锹挖；机械收获多用犁挑或专用收获机械收获。集收过程中应尽量深刨细挖，避免主根伤断，影响产量和商品质量。刨出后，及时去掉茎叶，抖净泥土，运至晒场晾晒加工。

（2）加工。先将黄芩主根按大、中、小分开，选择向阳、通风、高燥处晾晒。晒至半干时，每隔 3～5 天，用铁丝筛、竹筛、竹筐或撞皮机撞一遍老皮，连撞 2～3 遍，至黄芩根形体光滑、外皮黄白色或黄色。撞下的根尖及细侧根单独收藏，其黄芩苷的含量较粗根更高。晾晒过程中应避免水洗或雨淋，否则，使根变绿变黑，丧失药用价值。1 年至 1 年半生的黄芩由于根外无老皮，采收后直接晾晒干燥即可。

（十六）黄精

110. 黄精生产中的品种类型有哪些？

黄精为百合科植物滇黄精或多花黄精的干燥根茎。黄精的种类很多，常见的主要有 5 种，分别为鸡头黄精、姜形黄精、蝶形黄精、热河黄精和卷叶黄精。

（1）鸡头黄精。鸡头黄精因为其外形酷似鸡头而得名，多生长在河北、辽宁、内蒙古等地区，整体呈现为圆锥形。鸡头黄精味道甘甜，有黏性，蒸前为黄棕色，蒸后为黑色。

（2）姜形黄精。也叫多花黄精，外形呈不规则的结块状或者长块状，分枝较为粗短，一般长度在 2～18 厘米，宽 2～4 厘米。多生长在贵州、广西、广东、湖南等地。

（3）蝶形黄精。又名滇黄精，主要生长在云南等地区，其整体外形呈现为蝶形，块长一般都在 10 厘米以上，表面为淡黄色至深棕色，在其顶端还带有浅黄棕色的疤痕。蒸制以后带有焦糖气味，内外颜色由黄褐色变为黑色。

（4）热河黄精。别名多花玉竹，茎直立，叶互生，长有乳白色的小花，其花朵多为被筒状。生长在河北以及东北等区域的山林下以及山坡的草地上。

（5）卷叶黄精。又叫轮叶黄精，其叶片为线状的披针形，长度一般在 7～12 厘米，所开出来的花朵较小，颜色也多为白色、淡紫色或者绿色。分布于新疆、宁夏、甘肃等地区。

111. 种植黄精如何选地、整地？

（1）选地。黄精喜凉爽、潮湿和较荫蔽的环境，耐寒。喜疏松、较肥沃的沙壤土。在干旱地区和地块以及太黏、太沙的土壤会生长不良。忌连作。所以，种植黄精应选择土层深厚、疏松肥沃、半背阴、排水和保水性能好的沙壤土地为好。

（2）整地。施足基肥，每亩施腐熟的有机肥 3 000 千克，将土地深翻 30 厘米以上，整细耙平。在便于排水的地块，平畦栽种；排水较差的地块，采用高畦种植，畦面宽 1～2 米，畦高 15～20 厘米。

112. 黄精繁殖方法有哪些？

黄精以根茎繁殖为主，也可种子繁殖。根茎繁殖产量高、生产周期短，一般根茎种栽充足时，选根茎繁殖，当根茎种栽不足时，可选种子繁殖。

（1）根茎繁殖。于地上植株枯萎后，或早春根茎萌动前，挖取根茎，选生长健壮、顶芽肥大饱满、无病虫害的根茎，选取其顶端生长幼嫩部分，将其切成数段作为种栽，每段有 2～3 节、长约 10 厘米。切好之后将其放在阴凉通风处稍加晾干收浆或蘸适量草木灰即可栽植。

（2）种子繁殖。当种子成熟后，收集籽粒饱满的种子进行湿沙层积处理；或将种子和细沙按 1∶3 的比例混匀后进行沙藏，沙藏于背阴处 30 厘米深的坑内，中央插 1 把秸秆或麦草，以利通气，并保持湿润，顶上用细沙覆盖。翌年 3 月筛出种子，按行距 12～15 厘米，均匀播入沟内，覆 1.5～2 厘米厚细土，镇压后浇 1 次透水，畦面盖草。出苗后及时揭去盖草，进行中耕除草和追肥。苗高 7～10 厘米时间苗，最后按株距 6～7 厘米定苗。1 年后即可出圃移栽。

113. 黄精如何栽植与管理？

（1）栽植。黄精喜凉爽、潮湿和较荫蔽的环境，可与玉米带间作种植。每带宽 1～1.3 米，栽植 3～4 行黄精，点种 1 行玉米。将已处理好的黄精种栽顶芽朝上，按株距 10～15 厘米、行距 20～25 厘米挖穴栽种，覆土 5～7 厘米厚，稍镇压后再耧平畦面。有水浇条件的地块，栽后及时浇水保墒，以确保适时出苗。出苗前后，在畦沟或畦埂上及时点种玉米，穴距 50 厘米，每穴点种 3～5 粒，留苗 2 株，用于黄精遮阴。

（2）中耕除草。生长期间，视杂草情况及时中耕除草，中耕宜浅，以免伤根，并适当培土，促使黄精生长健壮。中后期一般不再中耕，及时拔除田间的大草即可。

（3）追肥。在黄精开花期，结合中耕进行追肥，每亩追施氮磷钾复合肥 20 千克；冬前植株枯萎后，每亩追施 1 500～2 000 千克有机肥。

（4）适时排灌。黄精喜湿怕干，田间应该保持湿润，生长期间遇旱应适时灌水；雨季则要注意排水，严防田间积水，以防沤根烂根。

（5）摘除花朵。黄精的花果生长会耗费大量的营养成分，影响根茎的生长，因此，在花蕾形成之前，要及时将花芽摘去，促进养分向根茎运输，提高产量。

114. 黄精主要的病虫害有哪些？如何防治？

黄精常见的病害有叶斑病和黑斑病，虫害主要是蛴螬。

（1）叶斑病与黑斑病。黄精叶斑病主要危害叶片，发病时先从叶尖出现椭圆形或不规则形、外缘棕褐色、中间淡白色的病斑，病斑逐渐蔓延，严重时可导致全株叶片枯萎脱落。黄精黑斑病在发病初期，叶尖部位开始出现黄褐色的不规则病斑，病斑边缘为紫红色，随着病情发展，病斑不断蔓延扩散，到最后整个叶片枯萎，病情在阴雨时期更为严重。

叶斑病和黑斑病防治方法：①农业防治。在越冬时清洁田园，将枯枝病残体集中烧毁，消灭越冬病源。②药剂防治。发病前和发病初期喷 10％苯醚甲环唑水分散颗粒剂 1 500 倍液，或 50％多菌灵可湿性粉剂 1 000 倍液，每 7～10 天喷 1 次，连喷 2～3 次。

（2）蛴螬。主要咬食黄精根茎。

防治方法：①农业防治。施用的粪肥要充分腐熟，最好用高温堆肥。②物理防治。用黑光灯或毒饵诱杀成虫。③药剂防治。用 75％辛硫磷乳油按种量的 0.1％拌种。田间发生期间，用 3％辛硫磷颗粒剂 3～4 千克，混细沙土 10 千克制成药土，在播种或栽植时撒施，撒后浇水，或用 90％敌百虫晶体，或 50％辛硫磷乳油 800 倍液等药剂灌根防治幼虫。

115. 黄精如何采收和加工？

（1）采收。根茎繁殖的于栽后 2～3 年、种子繁殖的于栽后 3～4 年采挖。黄精采收可选择在晚秋或早春进行，秋季采收在茎叶枯萎变黄后，春季采收在根茎萌芽前，以秋季采收质量最好。采收时，挖起全株，抖去泥土，除去地上茎叶和根茎上的须根。

（2）加工。

① 生晒。先将根茎放在阳光下晒 3～4 天，至外表变软、有黏液渗出时，轻轻撞去根毛和泥沙。结合晾晒，根茎表皮由白变黄时用手揉搓，头一、二、三遍手劲要小，之后依次加大手劲，直至根茎体内无硬心、质坚实、半透明为止，最后再晒干透，轻撞 1 次，装袋。

② 蒸煮。将鲜黄精用蒸笼蒸透，蒸 10～20 分钟，以无硬心为标准，取出边晒边揉，反复几次，揉至软而透明时，再晒干即可。

③酒蒸黄精。取黄精洗净，加黄酒拌匀置罐内或其他适宜的容器内，密闭，置水浴中隔水炖，直至酒被吸尽，黄精色泽黑润，口尝无麻味为宜。

（十七）地黄

116. 地黄生产中的品种类型有哪些？

地黄为玄参科植物地黄的新鲜或干燥根茎，因加工方法不同又可分为鲜地黄、生地黄和熟地黄，为常用中药，是四大怀药之一。目前生产中栽培的品种有金状元、北京 1 号、北京 2 号、85～5、小黑英等。

（1）金状元。株型大，半直立，抗涝。生育期长，叶长椭圆形，块根形成较晚，块根细长，皮细，色黄，多呈不规则纺锤形，髓部极不规则。喜肥，适宜在肥沃的土壤中种植，其块根肥大，产量高，质量好，等级高。抗病性较差，折干率低，目前该品种退化严重，栽培面积较小。一般亩产干品 450 千克左右，鲜干比为（4～5）∶1。

（2）北京 1 号。由金状元与小黑英杂交育成。本品种株型较小，叶柄较长，叶色深绿，叶面皱褶较少。较抗病，春栽开花较少。块根膨大较早，块根呈纺锤形，芦头短，块根生长集中，便于刨挖，皮色较浅，产量高，含水量及加工等级中等（一般三、四级货较多）。抗瘠薄，适应性广，在一般土壤上种植都能获得较高产量。抗斑枯病较差。繁殖系数大，倒栽产量较高，一般亩产干品 500～800 千克。鲜干比为（4～4.7）∶1。

（3）北京 2 号。由小黑英和大青英杂交而成。株型小，半直立，抗病，生长比较整齐，春栽开花较多。块根膨大早，生长集中，纺锤状。适应性广，对土壤要求不严，耐瘠薄，耐寒，耐贮藏。一般亩产干品 550～600 千克，鲜干比为（4.1～4.7）∶1。

（4）85～5。由金状元与山东单县 151 杂交育成。株形中等，叶片较大，呈半直立生长，叶面皱褶较少，心部叶片边缘紫红色。块根呈块状或纺锤形，块根断面，髓部极不规则，周边呈白色。产量较高，加工成货等级高，一、二级货占 50％左右。抗叶斑病一般。喜肥、喜光、耐干旱。该品种目前种植面积较大。

（5）小黑英。株形矮小，叶片小，色深，皱褶多，块根常呈拳块状，生育期短，地下块根与叶片同时生长，产量低。在较贫瘠薄地和肥料少的情况下能正常生长，产量稳定，抗逆性强，适于密植。由于产量低，加工品等级低，种植面积目前逐渐缩小。

117. 种植地黄如何选地、整地？

（1）选地。地黄喜阳光充足、干燥而温暖的气候；对土壤要求不严，宜在土层深厚、土质疏松、腐殖质多、地势高燥、能排能灌的中性或微碱性沙质壤土上种植。忌重茬，收获后，需隔5～6年才能再种。前茬以小麦、玉米、谷子、甘薯、山药为好，忌芝麻、花生、棉花、油菜、豆类、白菜、萝卜和瓜类等作物，且不宜与高秆作物及瓜豆为邻。

（2）整地。栽种春地黄（旱地黄）的土地，应在秋收后，深耕30厘米，结合深耕每亩施入腐熟的有机肥4 000千克；翌年解冻后，深耕细耙，做到上虚下实，整平做畦。可根据地势高低和排灌需要，做平畦或垄栽，平畦宽120厘米，高15厘米，畦间距30厘米；垄面宽60厘米，便于灌溉。

118. 地黄繁殖方法有哪些？

地黄有根茎繁殖和种子繁殖两种繁殖方法，生产上以根茎繁殖为主，种子繁殖多在培育新品种时应用。

（1）根茎繁殖。根茎繁殖用的根茎，生产上俗称种栽，种栽的培育方法有以下3种。

① 倒栽。种栽田选择地势高燥，排水良好，土壤肥沃的沙质壤土，且需10年内未种过地黄，前茬作物以小麦、玉米等禾本科作物的土地为宜；种栽田不宜与高粱、玉米、瓜类田相邻。每亩施农家肥5 000千克，尿素50千克、硫酸钾肥40千克、过磷酸钙100千克，翻耕、耙细整平，按宽35厘米，高15厘米起垄。于7月中下旬，在当年春种的地黄中，选择生长健壮、无病虫害的优良植株，将根茎刨出来截成3～5厘米的小段，每段保留2～3个芽眼。按行距20厘米，株距10～12厘米栽种，开5厘米深的穴，将准备好的母种植入穴内，覆土镇压，耧平即可。培育至翌年春天挖出分栽，随挖随栽。这样的种栽出苗整齐，产量高，质量好，是最常用的留种方法。

② 窖贮。秋天收获时，选无病无伤、产量高、抗病性强的中等大小的地黄，随挑随入窖。窖挖在背阴处，深宽各1米，铺放根茎15厘米厚，盖上细土，盖土厚度以不露地黄为宜。随着气温下降，逐渐加盖覆土，覆土深度以地黄根茎不受冻为宜。

③ 原地留种。春天栽培较晚或生长较差的地黄，根茎较小，秋天不刨，留在地里越冬。待翌年春天种地黄前刨起，挑块形好、无病

虫害的根茎做种栽。大根茎含水量较高，越冬后易腐烂，故根茎过大的不用此法留种。

（2）种子繁殖。选择生长健壮、抗逆性强的植株，采摘单朵花结的种子，于4月上旬在苗床播种。播种前在畦内浇水，等水渗完后按行距15厘米条播，覆细土3～6毫米厚，温度20～25 ℃时，10余天发芽，一般发芽率50％左右。幼苗长到5～6片叶时，即可移栽大田。夏季生长期进行单株选择，插上标记。秋季采挖时，选粗壮圆形的块根埋藏留作种用，其他药用。用种子繁殖的后代，性状分离严重，植株生长势差，块根不整齐，生产上一般不用此法繁殖。

119. 地黄如何栽植与管理？

（1）栽植。常采用育苗移栽法，一般在4月，偏北地方可以在5—6月种植；按行距20厘米、株距15厘米栽植；地黄生长周期通常为半年，同年的11月就可以采集收获。

（2）中耕除草。地黄出苗后田间若有杂草可进行浅锄，当齐苗后进行一次中耕松土，因地黄根茎多分布在土表20～30厘米厚的土层里，中耕宜浅，避免伤根。植株将封行时，停止中耕。出苗1个月后结合中耕除草进行定苗，每穴留1棵壮苗；生长中后期为避免伤根，人工拔除田间大草即可。

（3）合理排灌。地黄生长前期，根据墒情适当浇水，生长中后期若遇雨季，及时排水。药农有"三浇三不浇"的说法。"三浇"指施肥后及时浇水，以防烧苗和便于植物吸收肥料中的养分；夏季暴雨后浇小水，以利降低地温，防止腐烂；久旱不雨时浇水，以满足植株对水分的要求。"三不浇"指天不旱不浇；正中午不浇；将要下雨时不浇。高温多雨季节，注意排水防涝。

（4）追肥。于7—8月追肥1次，每亩追施氮磷钾复合肥50千克，封垄后用1.5％尿素加0.2％磷酸二氢钾进行叶面施肥，喷施2～3次，叶面喷肥时，亩用水量不低于45千克。

（5）摘蕾。发现有现蕾的植株应及时摘蕾，以减少养分耗费，使养分集中供地下块根生长，促进根茎膨大。

120. 地黄主要的病虫害有哪些？如何防治？

地黄常见的病害有斑枯病、轮纹病、根腐病等，虫害主要有红蜘蛛、地老虎、蝼蛄和金针虫等。

(1) 斑枯病。主要危害叶片，病斑呈圆形或椭圆形，直径 2～12 毫米，褐色，中央色稍淡，边缘呈淡绿色；后期病斑上散生小黑点，多排列呈轮纹状，病斑不断扩大。严重时病斑汇合成片，引起全株叶片枯死。

防治方法：①农业防治。与禾本科作物实行两年以上的轮作；收获后清除病残体，并集中烧毁；合理密植，保持植株间通风透光；选择抗病品种，如北京 2 号、金状元等。②化学防治。选用 50％多菌灵可湿性粉剂 600 倍液，或 70％甲基硫菌灵可湿性粉剂 800 倍液，或 50％苯菌灵 1 000～1 500 倍液，或 80％代森锰锌络合物 800 倍液，或 25％醚菌酯 1 500 倍液等喷雾，轮换用药，每 7～10 天喷 1 次，连喷 2～3 次。

(2) 轮纹病。主要危害叶片，病斑较大，圆形，或受叶脉所限呈半圆形，直径 2～12 毫米，淡褐色，具明显同心轮纹，边缘色深；后期病斑易破裂，其上散生暗褐色小点。

防治方法：①农业防治。秋后清除田间病株残叶并带出田外烧掉；合理密植，保持田间通风透光良好；选用抗病品种，如北京 2 号等。②化学防治。发病初期摘除病叶，并喷洒波尔多液（硫酸铜：氢氧化钙：水＝1：1：150）；发病盛期喷洒 80％络合态代森锰锌 800 倍液或 50％多菌灵可湿性粉剂 600 倍液，或 25％醚菌酯 1 500 倍液，或 70％二氰蒽醌水分散粒剂 1 000 倍液喷雾，每 7～10 天喷 1 次，连续喷 2～3 次。

(3) 根腐病。主要危害根及根茎部。初期在近地面根茎和叶柄处呈水渍状腐烂斑，黄褐色，逐渐向上、向内扩展，叶片萎蔫。病害发生时，较粗的根茎表现为干腐，严重时仅残存褐色表皮和木质部，细根也腐烂脱落（彩图 26）。土壤湿度大时病部可见棉絮状菌丝体。

防治方法：①农业防治。与禾本科作物实行 3～5 年轮作，苗期加强中耕，合理追肥、浇水，雨后及时排水；发现病株及时剔除，并携出田外处理。②化学防治。种植前用50%多菌灵可湿性粉剂500倍液，或30%噁霉灵水剂1 000倍液，或25%咪鲜胺可湿性粉剂1 000倍液灌浇栽植沟，或发病初期用50%多菌灵可湿性粉剂600倍液，或70%甲基硫菌灵1 000倍液，或3%噁霉灵·甲霜灵600倍液，或25%咪鲜胺可湿性粉剂1 000倍液喷淋，每7~10天喷1次，喷灌3次以上。拔除病株后用以上药剂淋灌病穴，控制病害传播。

（4）红蜘蛛。红蜘蛛取食地黄叶肉，使叶片皱缩卷曲，严重时叶面呈白色网状，叶背面有红色点状物，即红蜘蛛虫体。发生初期用1.8%阿维菌素乳油2 000倍液，或0.36%苦参碱水剂800倍液，或20%哒螨灵可湿性粉剂2 000倍液，或57%炔螨酯乳油2 500倍液，或73%炔螨特乳油1 000倍液喷雾防治。

（5）地下害虫。地老虎、蝼蛄和金针虫等地下害虫主要咬食地黄根茎。

防治方法：①成虫产卵前利用黑光灯诱杀；②施用的粪肥要充分腐熟，最好用高温堆肥；③用75%辛硫磷乳油按种量的0.1%拌种；④田间发生期间用90%敌百虫晶体，或50%辛硫磷乳油800倍液等药剂灌根防治幼虫；⑤用80%敌百虫可湿性粉剂100克加少量水，拌炒过的麦麸或豆饼5千克制作为毒饵，于傍晚洒施，进行诱杀。

121. 地黄如何采收和加工？

（1）采收。地黄地上部停止生长时即可收获，具体采收期因地区、品种、栽种期不同而异。春种地黄一般干立秋前后采收，秋种地黄在冬末初春采收。在采挖的时候要先割去地上部分的茎叶，然后在畦的一端开35厘米深的沟，依次小心挖取块茎，不要折断块茎，挖除后洗净泥土即为鲜地黄。

（2）加工。地黄因制作方法不同，分为生地和熟地两种。

① 生地。有晒干和烘干两种方法。晒干，是将根茎去泥后摊晒一段时间，再收回室内堆闷几天，然后再晒至质地柔软、干燥为止。但晒干的根茎油性小、分量轻、质量差，一般较少采用。烘干，是将

根茎先去净泥土、茎叶和须根，然后在火炕或烘炉上慢慢烘烤，直到内部逐渐干燥，颜色变黑，全身柔软，外皮变硬时取出。

② 熟地。是将生地浸入黄酒中（黄酒要没过地黄），用火炖干黄酒，然后将地黄晒干即为熟地。

（十八）远志

122. 种植远志如何选地、整地？

（1）选地。远志喜凉爽、忌高温、耐干旱，野生于较干旱的田野、路旁、山坡等地。种植以在向阳、排水良好的沙质壤土上为好。

（2）整地施肥。选择地势高燥、向阳、排水良好的沙质壤土，尽量不要选低湿地种植。播种前要深翻土地 30 厘米以上，也可提前进行秋冬深耕，秋耕越深越好，以消灭越冬虫卵、病菌，也可以改善土壤理化性质促使根系生长。结合深松耕，要施足底肥，底肥以有机肥为主，多施圈肥和磷钾肥，每亩施充分腐熟的有机肥 2 000～3 000 千克，磷酸二铵 50 千克，把基肥撒匀，翻入地内，再深耕耙细。形成上松下实、表层细软的适播地面。

123. 远志如何种植？

远志种植方式有种子直播、育苗移栽和根繁殖 3 种，一般以种子直播为主。

（1）种子直播。春、夏、秋季均可播种，一般采用春播和秋播，春播最好选择在 4 月中下旬进行播种。播种时，一定要做好种子处理，待露出小芽时播种，这样出苗率高且整齐。切记不要将干种子直接播下去，出苗情况会很不理想。旱地或干旱地区应选择夏末秋初趁雨季播种，此时温度高、水分足，利于种子萌发，7～15 天出苗，且田间杂草也少，便于管理。秋季播种宜在秋分前，不可过晚，否则因地温逐渐下降导致出苗时间长，使冬前形成的小苗弱、根浅、抗寒能力差，不能安全越冬。每亩用种 1～1.5 千克，播种时最好用与种子体积 5 倍量的细沙混合，然后均匀撒入行距为 20～25 厘米的浅沟中，上面覆盖没有完全燃尽的、1～1.5 厘米厚的草木灰，厚度以不露种子为宜，播种后约 15 天开始出苗。

（2）育苗移栽。可于 3 月上中旬，在苗床上进行条播育苗，按行距 15 厘米开沟播种，播后覆土 1 厘米厚，保持苗床湿润，苗床温度在 5～20 ℃为宜。播种后 10 天左右出苗，苗高 5～6 厘米时，选择阴天或午后，按株距 3～6 厘米，行距 15～20 厘米及时定植。

（3）根繁殖。选用健壮、无病虫害、色泽新鲜、直径 0.3～0.5 厘米的种栽，于清明后前后按株距 3～6 厘米，行距 15～20 厘米栽植。

124. 种植远志的关键技术措施有哪些？

（1）间作遮阴。远志属耐阴植物，为提高幼苗成活率，可以与玉米、高粱等高秆作物间作。在远志播种前，按行距约 3 米种植单行玉米等作物，可显著提高远志幼苗成活率，增加产量。7—8 月应稍加遮阴才能使幼苗发育良好，也可选择在幼龄果园间作种植。

（2）宽幅播种。采用宽幅条播技术有利于提高远志种植密度，即行距 30 厘米、苗间距 15 厘米，亩播种量为 2.5～3.0 千克。此法与传统种植方法相比，2 年生远志可增产 30％以上。

（3）除草施肥。远志植株矮小，故在生长期需勤中耕除草，以免杂草掩盖植株。因性喜干燥，除种子萌发期和幼苗期需适量浇水外，远志生长后期不宜经常浇水。每年冬季及 4、5 月，各追肥 1 次，以提高根部产量。追肥以磷肥为主，每亩可施饼肥 20～25 千克，或过磷酸钙 12.5～17.5 千克。

125. 远志常见的病虫害及其防治方法是什么？

远志常见病虫害主要有根腐病、叶枯病、蚜虫和豆芫菁。

（1）根腐病。田间积水或连作时容易发生，主要危害根部。发病初期，根和根茎局部变成褐色、腐烂；叶柄基部产生褐色、菱形或椭圆形烂斑，最后叶柄基部烂尽、叶子枯死、根茎腐烂（彩图 27）。

防治方法：①不可连作；多雨季节及时排水；发现病株及时拔除并带出田间深埋或烧毁；②发病初期用 50％多菌灵 1 000 倍液喷灌，每隔 7～10 天喷 1 次，连喷 2～3 次。

（2）叶枯病。多在夏季高温季节发生，危害叶片。发病初期叶正面产生褐色圆形小斑，随后病斑不断扩大，中心呈灰褐色，最后叶片焦枯、植株死亡。发病初期用50%多菌灵可湿性粉剂或70%甲基硫菌灵可湿性粉剂600～800倍液喷雾防治。每隔7天喷1次，连喷2次以上。

（3）蚜虫。5月下旬至6月上旬危害植株嫩叶，吸食汁液，使叶片皱缩卷曲，影响光合作用。蚜虫初发期用黄板诱杀，每亩挂30～40块；用10%吡虫啉可湿性粉剂1 500～2 000倍液喷杀，每7天喷1次，连喷2次。

（4）豆芫菁。以成虫危害植株叶片，尤喜食幼嫩部位。将叶片咬成孔洞状或缺刻状，甚至吃光。防治方法：秋、冬季深翻土地，消灭越冬幼虫；用4.5%高效氯氰菊酯3 000倍液，或90%敌百虫1 000倍液等喷雾防治。

126. 远志如何采收和加工？

（1）采收。用种子繁殖的远志栽培2～3年即可收获，在春季返青出苗前或秋季地上部分枯萎、不再生长时即可采挖。将鲜根挖出，抖落泥土和杂质。

（2）加工。趁根条水分未干、比较柔软时，挑选大且直的根条剪去芦头，抽出木心，晒干即为"远志筒"，一般以条粗、皮厚、去净木心者为好，并按粗细进行划分等级；较小的根条可以用木棒敲打至皮部与木心分离，去除木心晒干即为"远志肉"，"远志肉"不分等级；较细小的根不去心，直接晒干，即为"远志棍"。

（十九）丹参

127. 种植丹参如何选地、整地？

（1）选地。丹参根系较深，应选择光照充足、排水良好、土层深厚，肥力中等、质地疏松的沙质壤土（彩图28）种植，在土质黏重的地块，根系下扎困难，不宜种植。土质黏重、低洼积水、有物遮光的地块不宜种植，容易烂根。

（2）整地。每亩施入充分腐熟的有机肥2 000～3 000千克作基肥，深翻30～40厘米，耙细整平。多雨地区可做宽1.3米的高畦，地块周围挖排水沟，使旱能浇、涝能排；排水良好的坡地可不做畦；北方少雨地区适宜平作。

128. 丹参常用的繁殖方法有哪几种？

丹参有4种繁殖方法，包括种子繁殖、分根繁殖、芦头繁殖和扦插繁殖。生产上多采用种子繁殖和分根繁殖。

（1）种子繁殖。丹参种子发芽率为30%～65%。春播时间在4月中下旬，在深耕后的地上，开2～3厘米深的浅沟，将种子均匀撒播于沟内，覆土荡平，以盖住种子为宜，稍镇压，以利种子与土壤紧密接触。春播后育苗移栽的，于3月下旬在畦上开沟播种，播后浇水，畦面上加盖塑料地膜，保持土温18～22℃，保持土壤一定湿度，播后半月左右可出苗。出苗后在地膜上打孔放苗，苗高6～10厘米时间苗，5—6月可定植于大田。秋播于6—9月进行，种子成熟后，分批采下种子，在畦上按行距25～30厘米，开1～2厘米深的浅沟，将种子均匀地播入沟内，覆土荡平，以盖住种子为宜，浇水。约半月后便可出苗。

（2）分根繁殖。选无病、健壮的根，剪成2～4厘米长的小段，按株距20～25厘米，行距25～30厘米定植于深5～7厘米的沟内，覆土2～3厘米厚，覆土不宜过厚或过薄，否则难以出苗。栽后用地膜覆盖，利于保墒保温，促使早出苗、早生根。分根繁殖时，每亩用丹参种根60～75千克。

（3）芦头繁殖。按行株距各25厘米挖窝或开沟，沟深以细根能自然伸直为宜，将芦头栽入窝或沟内，覆土。

（4）扦插繁殖。于7—8月剪取生长健壮的茎枝，截成12～15厘米长的插穗，剪除下部叶片，上部保留2～3片叶。在备好的畦上，按行距20厘米开小沟，将插穗按株距10厘米斜放入沟中，插穗入土2～3厘米，顺沟培土压实，浇水，遮阴，保持土壤湿润。一般20天左右便可生根，成苗率90%以上。待根长3厘米时，便可定植于大田。

129. 丹参如何栽植与管理？

（1）栽植。丹参可在林下间作套种（彩图 29），于早春 2—3 月，在整平耙细的栽植地畦面上，按行距 33～35 厘米、株距 23～25 厘米挖穴，穴深 5～7 厘米，穴底施入适量的粪肥或土杂肥作基肥，与底土拌匀。将径粗 0.7～1.0 厘米的嫩根，切成 5～7 厘米长的小段作种根，大头朝上，每穴直立栽入 1 段，栽后盖细土厚 2 厘米左右。盖土不宜过厚，否则难以出苗；亦不能倒栽，否则不发芽。每亩需种根 50 千克左右。

视频 4
丹参栽培

（2）中耕除草。一般中耕除草 3 次，第一次在返青时或苗高约 6 厘米时进行，第二次在 6 月，第三次在 7、8 月，封垄后不再进行中耕除草。

（3）施肥。一般每亩底施腐熟的有机肥 2 000～3 000 千克，整个生育期施尿素 25～35 千克/亩、过磷酸钙 35～50 千克/亩、硫酸钾 20～30 千克/亩。其中 40% 的氮肥、全部的磷肥、70% 的钾肥在丹参种植时底施，其余肥料分两次追施，第一次追肥是在花期，施 60% 的氮肥、10% 的钾肥，以利于丹参的生殖生长；第二次追肥是在丹参生长的中后期（8 月中旬至 9 月上旬），追施余下的钾肥，以促进根的生长发育。为了满足丹参整个生长期对微量元素的需求，还可底施一定量的微肥，如硫酸锌 3.0 千克/亩、硫酸亚铁 15.0 千克/亩、硫酸锰 4.0 千克/亩、硼酸 1.0 千克/亩、硫酸铜 2.0 千克/亩。

（4）排灌。在南方或北方多雨时期注意排水防涝，地下水位较低，应做畦，挖排水沟。积水影响丹参根的生长，降低产量、品质，甚至造成烂根死苗。

（5）摘蕾。不准备采收种子的丹参，开花期必须分次将花序摘除，以利根部生长，提高产量。

（6）剪老茎秆。收过种子后的留种丹参，植株茎叶逐渐衰老或枯零，应剪掉老茎秆，使基生叶丛重新长出，促进根部继续生长。因此，宜在夏至到小暑期间，将全部茎秆齐地剪掉。

130. 丹参主要病虫害有哪些？如何进行防治？

丹参生产上主要是根腐病和根结线虫病危害严重。

（1）根腐病。5—11月危害植株根部。发病初期须根、支根变褐腐烂，并逐渐向主根蔓延，最后导致全根腐烂，外皮变为黑色，随着根部腐烂程度的加剧，地上基叶自下而上枯萎，最终全株枯死。

防治方法：①选用甘薯、玉米及花生等为前茬作物合理轮作；选择地势高燥、排水良好的地块种植，雨季注意排水；选择健壮无病的种苗；②发病初期用50％多菌灵或70％甲基硫菌灵可湿性粉剂500～800倍液，或75％代森锰锌络合物800倍液，或30％噁霉灵＋25％咪鲜胺按1：1复配1 000倍液灌根。

（2）根结线虫病。丹参被根结线虫寄生后，在须根上形成许多根瘤，植株地上部矮小萎黄，叶片不能展开，不能进行光合作用制造营养，造成严重减产。

防治方法：①建立无病留种田，严禁从病区调入种根；与小麦、玉米、谷子等禾本科作物轮作，严禁重茬。②土壤处理。在丹参播种或移栽前15天，每亩施用0.2％高渗透型阿维菌素可湿性粉剂2千克，加土50千克，混匀，撒到地表，深翻25厘米；进行土壤处理，可控制线虫危害。也可选用10％克线磷颗粒剂，每亩用3～5千克，均匀撒施后耕翻入土。

131. 丹参药材如何采收和加工？

分根、扦插繁殖的丹参，在种植当年秋季枯叶后至翌年春天萌芽前采收。种子繁殖的丹参第二年秋季枯叶后至第三年春天萌芽前采收。丹参根入土较深，较脆易断，应在土壤半干半湿时采挖，采挖时应从种植垄的一端顺垄挖采；也可采用深耕犁机械采挖，注意尽量保留须根，采挖后抖落泥土，忌用水洗，晒干或烘干，去须修芦，剪头去尾即成商品。

（二十）山药

132. 山药生产中有哪些品种类型？

山药为薯蓣科植物薯蓣属多年生缠绕草本植物，是药食兼用作物，以干燥的块茎供药用，在我国大部分地区均有栽培，主产于河南、山西、河北和陕西等省。山药品种较多,有河南省温县、武陟、博爱、沁阳等地所产"四大怀药"之一的怀山药;河北省安国市、蠡县等地所产"八大祁药"之一的祁山药;安徽、江苏、浙江、湖南等地所产的淮山药(也称菜山药);还有块茎比较细、比较顺直、粗细均匀、肉质细腻、头尾粗度都要超过一角钱硬币的铁棍山药;山东济宁地区的细毛山药;表皮较白、肉质如玉、末端如婴儿嘴巴的小白嘴山药;河北的麻山药;根毛比较粗、外观漂亮的日本品种大和长芋;以及太谷山药、花子山药、安国棒药、市场上销售较多的水山药等,各地种植时应根据品种类型的植物学特征、生物学特性、产量潜力和活性成分含量等,选择适宜当地环境的种植品种。

133. 栽植山药如何选地、整地?

山药地下根茎发达,宜选择地势高燥、土层深厚、疏松肥沃、避风向阳、排水流畅、pH6.5~7.5 的沙质土壤种植,低洼、黏土、碱地均不宜栽种。山药吸肥力强,土壤养分消耗大,特别是需钾肥较多,连作易导致病虫害发生严重,一般最多种植 3 年后必须轮作,前茬以小麦、玉米等禾本科作物或豆类作物、蔬菜为佳。

山药种植分高垄种植和平畦种植。高垄种植,冬前或前作收获后,选择种植地灌水,一般亩施腐熟有机肥 3 000~4 000 千克,饼肥100 千克和复合肥 50~150 千克,机械开沟,形成垄宽 80 厘米,深松 80~100 厘米的种植带,于垄上开沟、播种。平畦种植,选择种植地机械开沟,形成垄宽 80 厘米,深松 80~100 厘米的种植带,灌水踏实。有试验研究表明,有机肥和化肥配合做底肥施用有良好增产提质效果,亩施用纯氮 15 千克、五氧化二磷 13.5 千克、氧化钾 13.5千克,可显著提高山药产量和山药中多糖、尿囊素及薯蓣皂苷元等活性成分含量。

134. 山药的繁殖方法有哪几种?

山药是雌雄异株,生产中多为无性繁殖,繁殖方法有 3 种,为芦头繁殖、零余子繁殖和根茎繁殖。

(1)芦头繁殖。又称顶芽繁殖,于秋末山药地上茎叶枯萎或枯黄

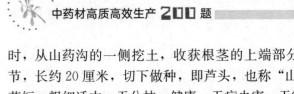

时，从山药沟的一侧挖土，收获根茎的上端部分，取块茎有芽的一节，长约20厘米，切下做种，即芦头，也称"山药栽子"。要选择根茎短、粗细适中、无分枝、健康、无病虫害、无霉烂的山药，芦头剪下后，晾晒4—7天，待表面水汽蒸发，断面愈合，然后放入地窖内或干燥的屋角，按一层芦头一层稍湿润的河沙叠放，2～3层，上盖草防冻保湿，至翌年春季取出栽种。注意用芦头繁殖的山药数量一年比一年少，尤其是芦头在栽培中逐年变细变长，组织衰老，产量下降，不能再作为繁殖材料，需要用零余子繁殖的新芦头来更换。

（2）零余子繁殖。又称珠芽繁殖，零余子是山药地上茎蔓叶腋处结的圆粒状珠芽。一般于9—10月零余子成熟后采摘，或地上茎叶枯零时拾起落在地上的零余子，晾2～3天后，放在室内竹篓、木桶或麻袋中贮藏，贮存室温控制在5℃左右，翌年春季4月进行播种。播前选用粒大、饱满、形状整齐、没有伤害和干僵、外皮发白、内皮转绿的零余子。按行距20～25厘米，开5～7厘米深的沟，于沟内先淋浇人畜粪水，稍干后下种，按株距3～5厘米播下零余子1粒，播后可先盖火灰土，再盖土，稍加镇压；条件适宜时，播后15～20天出苗。

（3）根茎繁殖。又称茎块繁殖，将鲜山药块茎按8～10厘米长分切成段，既解决山药块茎数量不够的问题，又可使山药产量高、品种不易退化。一般栽种时边切边种，最好用多菌灵药液300倍液浸泡1～2分钟，晾干后按照芦头繁殖方法栽种于田间。

135. 如何进行山药田间管理？

（1）栽植。一般在3月种植，黄淮海地区在3月中下旬至4月上旬种植，华北地区在清明前后4月种植，东北地区气温较低，一般在5月上旬种植。起垄或做高畦、平畦，一般垄宽40～50厘米，畦宽100～120厘米，畦长视地形而定。一般可以在春季气温稳定在10℃以上以后播种，播种时在垄上开10厘米深的沟，将种块放入，覆土，厚3厘米左右，保持土壤湿润。株距控制在15～20厘米，每亩种植量控制在5 000～6 000株。

（2）中耕除草。5月上中旬，幼苗出土后浅中耕以松土除草，注意勿损伤芦头或种栽；6月中下旬，茎蔓上架前深锄一遍，茎蔓上架后若不能中耕，则进行人工拔草。

（3）设立支架。在行间用竹竿或树枝搭设支架，每两行搭设一个支架，架高 2 米，然后将茎蔓牵引上架。也可用尼龙网做支架，在两个支撑物之间拉一条尼龙网，省工，省时，且不易倒伏。如用上年使用过的支架，要消毒处理，避免病菌传播。

（4）追肥。苗高 30 厘米时结合中耕除草，每亩追施纯氮肥 7 千克（尿素约 15 千克）；茎蔓生长旺盛时期，每亩再增施纯氮肥 8 千克（尿素约 15 千克），施后浇水；根茎膨大期，叶面喷施 0.3％磷酸二氢钾液 2～3 次，促进地下根茎迅速膨大。

（5）排灌水。山药忌涝，雨季要及时疏沟排除积水，干旱时及时灌水，立秋后灌 1 次透水促山药增粗。

（6）整枝。山药芦头一般只出 1 个苗，如有数苗，应于蔓长 7～8 厘米时，选留 1 条健壮的蔓，将其余的去除。有的品种侧枝发生过多，为避免消耗养分和利于通风透光，应摘去基部侧蔓，保留上部侧蔓。

136. 山药主要的病虫害有哪些？如何防治？

（1）炭疽病。主要危害叶片，叶柄、茎，其他部位也可受害。叶片发病后扩散为褐色至黑褐色的圆形或椭圆形病斑，病斑中间有褐色轮纹，病斑上带有黑色圆点，茎部发病呈梭形不规则斑。发病常导致枯茎。多风雨天气有利于发病。连作、排水不良、潮湿背阴及植株生长衰弱的田块发病较重。

防治方法：一是合理轮作，与禾本科作物或十字花科蔬菜轮作 3 年以上，并尽早搭架，以利通风降湿；秋后收集病残叶集中烧毁。二是栽种前将芦头及珠芽用 1：1：150 波尔多液浸泡 10～15 分钟，晾干后栽种。三是发病早期摘除病叶并选喷 50％多菌灵 500 倍液防治 2～3 次。

（2）褐斑病。主要危害叶片，叶柄也可受害，初期叶面褪绿有黄斑，后期病斑扩大呈褐色，叶片枯黄脱落。

防治方法：清洁田园，处理残株病叶；与小麦、玉米等禾本科作物或豆类作物进行轮作，不可与白菜、芥菜、甘蓝、油菜等十字花科作物轮作；发病初期可用 50％多菌灵 500 倍液或 1：1：150 波尔多

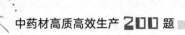

液等喷雾防治。

（3）白锈病。危害茎叶，茎叶上出现白色突起的小疙瘩，破裂，散出白色粉末，造成地上部枯萎。

防治方法：一是栽培地不能过湿，雨后注意排水，合理轮作倒茬。二是发病初期或发病前，用2％农抗120水剂或1‰武夷菌素水剂150倍液，或1‰蛇床子素500倍液喷雾防治。三是发病初期用50％多菌灵可湿性粉剂500倍液，或70％甲基硫菌灵可湿性粉剂1 000倍液喷雾防治；发病后期用25％戊唑醇可湿性粉剂3 000倍液，或15％三唑酮可湿性粉剂1 000倍液等喷雾防治。

（4）线虫病。危害地下根茎。茎的表皮上产生许多大小不等的近似馒头形的瘤状物（彩图30），在茎的细根上有小米粒大小的根结存在，严重影响山药质量和产量。

防治方法：一是与小麦、玉米、水稻、谷子等禾本科作物轮作3年以上。二是用淡紫拟青霉菌防治，播种后覆土前将淡紫拟青霉菌颗粒剂均匀撒于播种沟内，每亩用5亿活芽孢/克的淡紫拟青霉菌颗粒剂1.5千克，防治效果既好又符合无公害生产标准。三是用1.8％阿维菌素1 500倍液灌根；或加入1/3量（常规推荐用量）的0.3％苦参碱乳剂，每株灌300～400毫升，每7天灌1次，连灌2次；或亩用10％噻唑磷颗粒剂1.5千克，或亩用42％威百亩水剂5千克处理土壤，轮换或交替用药。

（5）蛴螬。一是冬前将栽种地块深耕多耙、杀伤虫源，减少幼虫的越冬基数。二是利用白僵菌或乳状菌等生物制剂防治幼虫，乳状菌每亩用1.5千克，卵孢白僵菌每平方米用2.0×10^9个孢子。三是采用毒土和喷灌综合运用。毒土防治每亩用3％辛硫磷颗粒剂3～4千克，混细沙土10千克制成的药土，在播种或栽植时顺沟撒施，施后灌水。喷灌防治用90％敌百虫晶体，或50％辛硫磷乳油800倍液等灌根防治幼虫。

（6）棉铃虫。以幼虫取食叶片，将叶片咬成缺刻状，严重时把叶子吃光，仅留下较粗的叶脉（彩图31）。

（7）盲蝽。发生初期选用10％吡虫啉可湿性粉剂1 000倍液，或25％噻虫嗪1 000倍液，或5％甲氨基阿维菌素苯甲酸盐1 500倍液，或 20％氯虫苯甲酰胺 1 500 倍液等喷雾防治。

（8）地老虎。防治方法：一是成虫活动期用糖醋液（糖：酒：醋＝1：0.5：2）放在田间 1 米高处诱杀，每亩放置 5～6 盆；也可用灯光诱杀成虫。二是用毒饵或毒土诱杀幼虫及喷灌药剂防治。毒饵诱杀，每亩用 50％辛硫磷乳油 0.5 千克，加水 8～10 千克，喷到炒过的 40 千克棉籽饼或麦麸上制成毒饵，傍晚撒于秧苗周围。毒土诱杀，每亩用 90％敌百虫粉剂 1.5～2 千克，加细土 20 千克制成毒土，顺垄撒施于幼苗根际附近。喷灌防治，用 90％敌百虫晶体或 50％辛硫磷乳油 1 000 倍液喷灌防治幼虫。

137. 山药如何适期采收与初加工？

（1）适期采收。山药在栽种当年的 10 月底至 11 月初，地上茎叶干枯后采收。采收过早产量低，含水量高，山药易折断。采收时先拆除支架并抖落零余子，将落在地上的零余子收集，割去茎蔓，一般从畦的一端开始人工采挖，顺垄挖采，逐株挖取。有条件的可采用机械采挖。不论采用哪种收获方式都应注意保护芦头不受损伤，并在挖后，就地将作种用的芦头掰下，分别运回保存。

（2）产地初加工。山药商品有毛山药和光山药 2 种。毛山药指将采回的山药趁鲜洗净泥土，切去根头，用竹刀等刮去外皮和须根，然后干燥，即为毛山药。光山药指选顺直肥大的干燥山药，置清水中浸至无干心，闷透，用木板搓成圆柱状，切齐两端，晒干，打光，即为光山药。需要说明的是，山药传统加工方法为用硫黄熏蒸，但会造成二氧化硫残留和有效成分损失。现代加工技术研究了山药护色液、微波真空冷冻等干燥方法，不提倡使用硫黄熏蒸。初加工后的商品有山药片和山药粉等。

（二十一）防风

138. 防风有哪些栽培品种？

防风品种多以产地划分，主栽品种如下：

（1）关防风。又称旁风，品质最好，其外皮灰黄色或灰褐色（色较深），枝条粗长，质糯肉厚而滋润，断面菊花心明显。多为单枝。以产于黑龙江西部的为佳，被誉为红条防风。

（2）口防风。主产于内蒙古中部及河北北部、山西等地，其表面色较浅，呈灰黄白色，条长而细，较少有分枝，顶端毛须较多但环纹少于关防风，质较硬，不及关防风松软滋润，菊花心不及关防风明显。

（3）水防风。又名汜水防风，主产于河南灵宝、卢氏、荥阳一带、陕西南部及甘肃定西、天水等地。其根条较细短，长10～15厘米，直径0.3～0.6厘米，上粗下细呈圆锥状，环纹少或无，多分支，体轻肉少，带木质。

139. 种植防风如何选地、整地？

防风对土壤要求不十分严格，但应选地势高燥向阳、排水良好、土层深厚、疏松的沙质土壤种植。黏土、涝洼、酸性大或重盐碱地不宜栽种。由于防风主根粗而长，播种栽植前每亩施充分腐熟的有机肥2 000～3 000千克及过磷酸钙50～100千克或单施氮磷钾复合肥80～100千克。均匀撒施，施后深耕30厘米左右，耕细耙平，做60厘米宽的垄，或做成宽1.2米，高15厘米的高畦，春秋整地皆可，但以秋季深翻，春季再浅翻做畦为宜。

140. 防风的繁殖方式有哪些？

（1）种子繁殖。播种分春播和秋播。秋播于9月中下旬至上冻前播种，翌年春季出苗；春播于4月中下旬播种；以秋播出苗早而整齐。播种前将种子放在35℃的温水中浸泡24小时，捞出稍晾，即可播种。播种时在整好的畦上按行距25～30厘米开沟，均匀播种于沟内，覆土厚度不超过1.5厘米，稍加镇压。每亩播种量2千克左右。播后20～25天即可出苗。当苗高5～6厘米、植株出现第一片真叶时，按株距6～7厘米间苗。

（2）插根繁殖。在收获时，取直径0.7厘米以上的根条，截成5～8厘米长的根段，按行距30厘米开沟，沟深6～8厘米，按株距15厘米栽种，栽后覆土3～5厘米厚。用种量为60～75千克/亩。由于防风出苗时间比较长，所以要根据天气情况，适时地进行浇水，切忌大水漫灌。对于板结的地块，在浇水后进行浅锄划，有利于秧苗的顺利出土，从而达到苗齐苗壮的目的。

141. 防风如何种植与管理?

（1）种植。于当年秋季回苗或翌年春季返青前进行移栽，一般多在垄上移栽。在整好的宽 60 厘米的垄上开 15 厘米深沟，将挖好的苗斜摆于沟内，按 7～10 厘米株距斜摆于沟侧。卧栽法开沟 10 厘米深，顺沟使根的芦头相距 7～10 厘米卧栽于沟底，覆土 5～8 厘米厚，稍加镇压。

（2）施肥。为满足防风生长发育对营养成分的需要，生长期间要适时适量进行追肥。一般追肥 2 次，第一次在 6 月中下旬，每亩施复合肥 50 千克；第二次于 8 月下旬，每亩施复合肥 30 千克。

（3）浇灌与排涝。防风出苗后至长出 2 片真叶前，土壤必须保持湿润状态，3 叶以后不遇严重干旱不灌水，促根下扎。6 月中旬至 8 月下旬，可结合追肥适量灌水。雨季应注意及时排除田内积水，否则容易积水烂根。

142. 如何防治防风的病虫害?

（1）白粉病。被害叶片两面呈白粉状斑，后期逐渐长出小黑点，严重时叶片早期脱落（彩图 32）。

防治方法：一是增施磷钾肥以增强植株抗病力，并注意通风透光；二是发病时喷 25％三唑酮乳油 1 000 倍液，或 12.5％的烯唑醇 1 000 倍液喷雾防治。

（2）斑枯病。主要危害叶片，病斑近圆形，严重时叶片枯死。

防治方法：发病初期可选用 70％代森锰锌可湿性粉剂 500 倍液，50％多菌灵可湿性粉剂 600 倍液或 25％醚菌酯 1 500 倍液喷雾防治，药剂应轮换使用，每 10 天喷 1 次，连续 2～3 次。

（3）根腐病。主要危害根部，使植株的根腐烂、叶片枯萎变黄甚至整个植株死亡，一般在夏季或多雨时期发生。

防治方法：一旦发现病株需及时拔除，在病株的病穴撒石灰进行消毒。发病时可用50％多菌灵或70％甲基硫菌灵可湿性粉剂500～800倍液，或30％噁霉灵＋25％咪鲜胺按1：1复配1000倍液喷雾防治或用10亿活芽孢/克的枯草芽孢杆菌500倍液灌根，每7天喷灌1次，喷灌3次以上。

（4）黄翅茴香螟。幼虫在花蕾上结网，咬食花与果实。

防治方法：可选用5％氯虫苯甲酰胺悬浮剂1000倍液或5％甲氨基阿维菌素苯甲酸盐乳油3000倍液等喷雾防治。

（5）黄凤蝶。以幼虫危害花、叶，6—8月发生，被害花被咬成缺口或仅剩花梗。

防治方法：可人工捕杀；于害中产卵盛期或卵孵化盛期用苏云金芽孢杆菌生物制剂（每克含孢子100亿）300倍液喷雾防治，或用5％氟啶脲2500倍液，或25％灭幼脲悬浮剂2500倍液，或24％虫酰肼1000～1500倍液，或在低龄幼虫期用0.36％苦参碱水剂800倍液，或2.5％多杀霉素悬浮剂3000倍液等喷雾。每7天喷1次，一般连喷2～3次。

143. 防风如何采收与加工？

（1）采收。防风采收一般在种后第二年的10月下旬至11月中旬或在春季萌芽前。春季插根繁殖的防风当年可采收；秋播的一般于翌年冬季采收。防风根部入土较深，松脆易折断，采收时须从畦的一端开深沟，顺畦挖掘，或使用专用机械收获。根挖出后除去残留茎叶和泥土，运回加工。

（2）加工。将防风根晒至半干时去掉须毛，按根的粗细分级，晒至八九成干后扎成小捆，再晒或烤至全干即可。

（二十二）甘草

144. 种植甘草如何选地、整地？

甘草喜光照充足、降水量较少、夏季酷热、冬季严寒、昼夜温差大的生态环境，具有喜光、耐旱、耐热、耐盐碱和耐寒的特性。适宜在土层深厚、土质疏松、排水良好的沙质土壤中生长。甘草多生长在干旱、半干旱的沙土、沙漠边缘和黄土丘陵地带，在引黄灌区的田野和河滩地里也易于繁殖。它适应性强，抗逆性强。野生甘草在我国主要分布于新疆、内蒙古、宁夏、甘肃、山西朔州等地；人工种植甘草主产于新疆、内蒙古、甘肃的河西走廊和陇西的周边以及宁夏部分地区。

甘草种植地应选择地势高燥，土层深厚、疏松、排水良好的向阳坡地。土壤以略偏碱性的沙质土、沙质壤土或覆沙土为宜。忌在涝洼、地下水位高的地段种植；土壤黏重时，可按比例掺入细沙。选好地后，进行翻耕。一般于播种的前一年秋季施足基肥（每亩施厩肥2 000～3 000千克），深翻土壤20～35厘米，然后整平耙细，灌足底水，以备第二年播种。

145. 甘草的繁殖方式有哪些？

（1）种子繁殖。甘草种子具有硬实现象，播种后很难出苗，因此，先进行种子处理再播种。

种子处理：①碾压破碎处理。将种子在碾盘上铺3厘米厚，用碾米机打磨种子种皮，注意种子的变化，打磨到种皮发白时即可；再将种子放入40℃清水中浸泡2～4小时，晾干备用，发芽率可达60%以上。②浓硫酸脱胶处理。用选好的种子与98%的浓硫酸按1∶1的比例混合搅拌均匀，浸种1小时后，用清水反复冲洗种子，及时晒干至种子含水量小于10%，备用，发芽率可达90%左右。③湿沙埋藏处理。先将种子在70℃温水中浸泡8～10小时，捞出埋藏在湿沙中，保持湿润，待气温回升到18～20℃时，取出播种。

播种：春播于3月下旬至4月上旬进行；对于干旱、灌溉困难的地区，可在夏季或初秋雨水丰富时抢墒播种，夏播一般在7—8月，秋播一般在9月。播种前首先做畦，畦宽4米，然后灌透水一次，蓄足底墒。播种量为1.5～2千克/亩，播种行距30厘米，播种深度2.0厘米左右。可采用人工播种，在做好的垄上开深1.5～2厘米的浅沟两条，将处理后的种子均匀播入沟内，覆土浇水，播后半月可出苗。冬播可不用催芽，每亩播种量2.5千克左右。也可采用播种机进行机械播种。播种后稍加镇压，一般经1～2周即可出苗。对于春季气候多变的地区也可选在5月播种，当日平均气温升至10℃以上，地面温度升至 20 ℃以上时即可进行播种。

（2）根茎繁殖。即在春、秋季采挖甘草时，选其粗根入药，将较细的根茎，截成长 15 厘米的小段，每段带有根芽和须根，在垄上开深 10 厘米左右的沟，按株距 15 厘米将根茎平摆于沟内，覆土浇水，保持土壤湿润。每亩用种苗 90 千克左右。

（3）分株繁殖。在甘草母株的周围常萌发出许多新株，可于春、秋季挖出移栽即可。

146. 甘草如何种植与田间管理？

（1）栽植。栽植时起垄栽培比平畦栽植好，便于排水，通风透光，根扎得深。宜在春、秋季进行，每亩用种苗 90 千克左右。

（2）灌溉。甘草在出苗前后要经常保持土壤湿润，以利出苗和幼苗生长。具体灌溉应视土壤类型和盐碱度而定，沙性无盐碱或微盐碱土壤，播种后即可灌水；土壤黏重或盐碱较重，应在播种前浇水，抢墒播种，播后不灌水，以免土壤板结和盐碱度上升。栽植甘草的关键是保苗，一般植株长成后不再浇水。

（3）田间杂草防治。重点是在出苗的当年，尤其在幼苗期要及时除草。翌年甘草根开始分蘖，杂草很难与其竞争，不再需要中耕除草。甘草田杂草防除方式有以下 3 种。

① 播前预防。甘草属豆科多年生草本植物，在选地时要选择杂草少的地块，特别是要注意地块内宿根性杂草群落的危害情况。

② 化学除草。在播前 5～7 天用仲丁灵喷雾或拌沙撒施后，耙糖形成 3～5 厘米厚的毒土层，土壤含水量要达到 5％以上；播后幼苗出土前根据杂草出土情况，在出苗前 3 天用除草剂喷雾 1 次，杀死早春杂草；幼苗出土后至封垄期根据杂草情况，用稀禾啶喷雾 2～3 次以杀死禾本科杂草。

③ 人工除草。甘草从播种到幼苗封垄期是杂草危害最为严重的时期，此时幼苗生长慢，杂草对幼苗影响大，应及时安排除草和中耕。

（4）追肥。当甘草长出 4～6 片叶时，追施磷肥、尿素各 15 千克；翌年返青后，追施磷肥＋尿素 20 千克，促进植物快速生长；进入花果期，增施磷钾肥 20 千克。

147. 甘草的常见病虫害有哪些？如何防治？

（1）甘草褐斑病。叶片产生近圆形或不规则形病斑，病斑中央灰褐色，边缘褐色，在病斑的两面都有黑色霉状物。

防治方法：①农业防治。与禾本科作物轮作；合理密植，促苗壮发，增加株间通风透光性；主要施用腐熟有机肥，注意氮、磷、钾配方施肥，避免偏施氮肥；注意排水；结合采摘收集病残体携出田外集中处理。②药剂防治。发病初期用 80％络合态代森锰锌 800 倍液，或 50％多菌灵可湿性粉剂 600 倍液防治；发病盛期喷洒 25％醚菌酯 1 500 倍液，或 12.5％烯唑醇可湿性粉剂 1 000 倍液，或 25％腈菌唑乳油4 000～5 000 倍液喷雾，连续喷 2～3 次。

（2）甘草白粉病。先在叶片背面呈现点状、云片状白粉样附着物，后蔓延至叶片正反两面，导致叶片提前枯黄。

防治方法：①农业防治。参见甘草褐斑病。②化学防治。发病初期，喷施 40％氟硅唑乳油 5 000 倍液，或 12.5％烯唑醇可湿性粉剂 1 500 倍液，或 10％苯醚甲环唑水分散颗粒剂 1 500 倍液，每 10 天左右喷 1 次，连喷 2～3 次。

（3）地老虎。防治方法：①农业防治。种植前秋翻晒土及冬灌，可杀灭虫卵、幼虫及部分越冬蛹。②物理防治。成虫活动期用糖醋液（糖：酒：醋＝1：0.5：2）放在田间高 1 米处诱杀，每亩放置 5～6 盆；也可用灯光诱杀成虫。③药剂防治。可采取毒饵或毒土诱杀幼虫及喷灌药剂防治。毒饵诱杀即每亩用 50％辛硫磷乳油 0.5 千克，加水 8～10 千克，喷到炒过的 40 千克棉籽饼或麦麸上制成毒饵，傍晚撒于秧苗周围。毒土诱杀即每亩用 90％敌百虫粉剂 1.5～2 千克，加细土 20 千克制成毒土，顺垄撒施于幼苗根际附近。喷灌防治即用 90％敌百虫晶体或 50％辛硫磷乳油 1 000 倍液喷灌防治幼虫。

（4）蝼蛄。防治方法：①农业防治。使用充分腐熟的有机肥，避免将虫卵带到土壤中去。②药剂防治。危害严重时，每亩用 5％辛硫磷颗粒剂 1～1.5 千克与 15～30 千克细土混匀后撒入地面并耕耙，或于定植前沟施毒土防治。

（5）甘草叶甲。防治方法：①农业防治。灌冻水以压低越冬虫口基数。②化学防治。卵孵化盛期或若虫期及时喷药防治，特别是在5—6月虫口密度增大期，要切实抓好防治，用50％辛硫磷乳油1 000倍液，或1％苦参碱水剂500倍液，或4.5％高效氯氰菊酯乳油1 000倍液，或2.5％的联苯菊酯乳油2 000倍液等喷雾防治。

148. 甘草如何采收与加工？

（1）采收。甘草一般生长1～2年即可收获，在秋季9月下旬至10月初茎叶枯萎后采收为好，此时收获的甘草根质坚体重、粉性大、甜味浓。直播法种植的甘草，3～4年为最佳采挖期，育苗移栽和根茎繁殖的甘草栽后2～3年采收为佳。采收时必须深挖，不可刨断或伤根皮，挖出后去掉残茎、泥土，忌用水洗，趁鲜分出主根和侧根，去掉芦头、毛须、支杈，晒至半干，捆成小把，再晒至全干。

（2）加工。甘草可加工成皮革和粉草。皮革指将挖出的根及根茎去净泥土，趁鲜去掉茎头、须根，晒至大半干时，将条顺直，分级，扎成小把的晒干品。以外皮细紧、有皱沟、红棕色、质坚实、粉性足，断面黄白色者为佳。粉甘草即去皮甘草，以外表平坦、淡黄色、有纤维性、有纵皱纹者为佳。

（二十三）黄芪

149. 种植黄芪如何选地、整地？

野生黄芪多见于海拔800～1 800米以上的向阳山坡，喜凉爽气候，为长日照植物。黄芪系深根系植物，有较强抗旱、耐寒的能力及怕热、怕涝的习性。选择土壤深厚、土质疏松、透气性好的沙质土种植为适宜。每亩施优质农家肥2 000～3 000千克，复合肥30～50千克，深翻30～40厘米，耙细整平，做成30厘米高的高畦待播。

150. 黄芪如何播种？

（1）播前处理。一是要精选种子。首先选当年采收的无虫蛀或病变、种皮黄褐色或棕黑色、种子饱满、种仁白色的种子，放置于

20%食盐水溶液中，将漂浮在表面的秕粒和杂质捞出，用沉于底下的饱满种子作种并进一步处理。二是做好种子处理。①沸水浸种催芽。将种子放入沸水中不停搅动，约1分钟，立即加入冷水，将水温调至40℃，再浸泡2小时，并将水倒出，种子加覆盖物或装入麻袋中闷8～12小时，中间用15℃水滤洗2～3次，待种子膨大或外皮破裂时，可趁墒或造墒播种。②机械处理。可用碾米机放大"流子"，机械串碾1～2遍，以不伤种胚为适。③硫酸处理。将老熟硬实的黄芪种子，放入70%～80%浓硫酸溶液中浸泡3～5分钟，取出种子，迅速在流水中冲洗30分钟左右，发芽率可达90%以上。

（2）播种时间。春播选在当地气温稳定在5℃以上时；秋播时间为当地气温下降到15℃左右时。播后保持土壤湿润，15天左右即可出苗。

（3）播种方法。黄芪种子顶土力弱，一般播种深度2～3厘米。条播按行距18～20厘米，开3厘米深的浅沟，将种子均匀撒入沟内，覆土1～1.5厘米厚，镇压，亩用种子1.5～2千克。

（4）育苗移栽。在种子昂贵或旱地缺水、直播难以出苗保苗时可以采用育苗移栽。

主要应抓好如下5个技术环节：一是选择土壤深厚、土质疏松、透气性好的沙质土壤；二是施肥做畦，每亩施优质农家肥2 000～3 000千克，复合肥30～50千克，深翻30～40厘米，耙细整平，做成畦面宽120～150厘米，垄沟宽40厘米，高30厘米的高畦；三是适时播种，春播在4月，秋播在8—9月，将经过处理的种子撒播或条播于床面，覆土厚约1.5厘米，每亩用种子8～10千克（育苗田用种量）；四是加强幼苗期管理，出苗后，适时疏苗和拔除杂草，并视具体情况适当浇水和排水；五是移栽管理，当年9月或翌年4月中旬，选择条长、苗壮、少分枝、无病虫伤斑的幼苗移栽，行株距为25厘米×15厘米，一般采用斜栽或平栽，沟深根据幼苗大小而定，一般以5～7厘米为宜，栽后适当镇压。每亩栽苗1.5万～1.7万株。一亩苗一般可栽4～5亩生产田。

151. 如何进行黄芪田间管理？

（1）播后管理。黄芪种子小，拱土能力弱，播种浅，覆土薄，播种后要保持墒情，适时浇水，以保证出苗。

（2）中耕除草与间苗、定苗。当幼苗出现5片小叶，苗高5～7厘米时，按株距3～5厘米进行间苗，结合间苗进行1次中耕除草；苗高8～10厘米时进行第二次中耕除草，以保持田间无杂草，地表土层不板结；当苗高10～12厘米时，条播按株距6～8厘米定苗，亩留苗2.4万～2.6万株。

（3）水肥管理。黄芪具有"喜水又怕水"的特性，要旱时浇水，涝时排水；在植株生长旺期，每亩追施复合肥50千克，于行间开沟施入，施肥后浇水。

152. 黄芪常见病虫害有哪些？如何防治？

（1）白粉病。主要危害黄芪叶片，初期叶两面生白粉状斑；严重时，整个叶片被一层白粉所覆盖，叶柄和茎部也有白粉（彩图33）。

防治措施：①实行轮作。忌连作，不宜选豆科植物和易感白粉病的作物为前茬，前茬以玉米为好。②加强田间管理。适时间苗、定苗，合理密植，以利田间通风透光，可减少发病。施肥时，以有机肥为主，注意氮、磷、钾比例配合适当，不要偏施氮肥，以免徒长，降低植株抗病性。③药剂防治。发病初期，交替使用以下药剂，每7～10天喷施1次，连续防治2～3次。用25%三唑酮粉锈宁可湿性粉剂800倍液，或50%多菌灵可湿性粉剂500～800倍液，或12.5%腈菌唑悬浮剂3 000倍液，或10%苯醚甲环唑水分散剂1 500倍液喷雾。

（2）根腐病。植株叶片变黄枯萎，茎基部至主根均变为红褐干腐状，上有红色条纹或纵裂，侧根很少或已腐烂，病株极易自土中拔起，主根维管束变褐色，在潮湿环境下，根茎部长出粉霉。植株往往成片枯死。

防治措施：①控制土壤湿度，防止积水。与禾本科作物轮作，实行条播和高畦栽培。②发病初期用99%噁霉灵可湿性粉剂3 000倍液或50%多菌灵可湿性粉剂600倍液等灌根。

（3）蚜虫。是一种暴发性害虫，主要危害黄芪、草木樨、苜蓿等豆科植物（彩图34）。多群集于植株的嫩茎、幼芽、花器、豆荚等各部上，吸食其汁液，造成植株生长矮小，叶片卷缩、变黄、落蕾、豆荚停滞发育，发生严重时，植株成片死亡。轻者减产 30%～50%，重者减产可达 70%以上，甚至绝收。

防治措施：初秋及春末干旱季节易发病严重，注意气候变化，久旱之下必造成蚜虫种群密度火速增加，宜及时施药防治。一是要及早发现中心株，发生初期，蚜虫多寄居植株嫩梢、叶背，容易发现。二是采取物理防治。用黄板诱杀蚜虫，每亩挂 30～40 块黄板。三是用药剂防治。用 10%吡虫啉可湿性粉剂 1 000 倍液，或 25%吡蚜酮可湿性粉剂 1 000 倍液喷雾防治。

153. 黄芪如何采收与加工？

直播黄芪一般于播后 2～3 年采收。春季采收在解冻后进行，秋季采收在植株枯萎时进行。育苗移栽的黄芪，一般在栽种当年秋季就可采收。采收时，将植株割掉，清除于田外，人工或用起药机采挖，人工捡净根部，抖净泥土，运至晾晒场晒至七八成干时，捆成小把，再晾晒至全干即可。

（二十四）苦参

154. 种植苦参如何选地、整地？

苦参野生于山坡草地、丘陵、路旁，喜温暖气候，对土壤要求不严，但苦参为深根性植物，以土层深厚、肥沃、排灌方便的壤土或沙质壤土种植为宜。每亩施入充分腐熟的有机肥 2 000～3 000 千克或氮磷钾（15-15-15）三元复合肥 100 千克，深翻 30～40 厘米，耙平整细，做成 2～2.5 米宽的畦。

155. 苦参有哪几种繁殖方法？

（1）种子繁殖。7—9 月当苦参荚果变为深褐色时，采回晒干、脱粒、簸净，置干燥处备用。播种前要进行种子处理，即用 40～50 ℃温水浸种 10～12 小时，取出后稍沥干即可播种；也可用湿沙（种子与湿沙按 1∶3 体积比混合）层积 20～30 天再播种。于 4 月下旬至 5 月上旬，在整好的畦上，按行距 50～60 厘米、株距 30～40

厘米开深 2～3 厘米的穴，每穴播种 4～5 粒种子，用细土拌草木灰
覆盖，保持土壤湿润，15～20 天出苗。苗高 5～10 厘米时间苗，
每穴留壮苗 2 株。

（2）分根繁殖。春、秋两季均可。秋栽于落叶后，春栽于萌芽
前。春、秋栽培均结合苦参收获。把母株挖出，剪下粗根作药用，然
后按母株上生芽和生根的多少，用刀切成数株，每株必须具有根和芽
2～3 个。按行距 50～60 厘米，株距 30～40 厘米栽苗，每穴栽 1 株。
栽后盖土、浇透水。

156. 如何进行苦参的田间管理？

（1）中耕除草。苗期要进行中耕除草和培土，保持田间无杂草和
土壤疏松、湿润，以利苦参生长。

（2）追肥。苗高 15～20 厘米时进行，每亩施磷酸铵 15 千克或复
合肥 20 千克。贫瘠的地块要适当增加追肥次数。

（3）合理排灌。天旱及施肥后要及时灌溉，保持土壤湿润。雨季
要注意排涝，防止积水烂根。

（4）摘花。除留种地外，要及时剪去花薹，以减少养分消耗，提
高产量和品质。

157. 如何进行苦参病害的综合防治？

（1）叶枯病。8 月上旬至 9 月上旬发病，发病时叶部先出现黄色
斑点，继而叶色发黄，严重时植株枯死。

防治方法：用 50％多菌灵可湿性粉剂 600 倍液或 50％甲基硫菌
灵 500～800 倍液喷洒防治，每 7 天喷 1 次，喷 2～3 次。

（2）白锈病。发病初期叶面出现黄绿色小斑点，外表有光泽的疱
状斑点，病叶枯黄，以后脱落，多在秋末冬初或初春发生。

防治方法：①清理田园。将残株病叶集中烧毁或深埋；选择禾本
科作物或豆科作物轮作。②合理密植。加强肥水管理，提高植株抗病
能力。③药剂防治。发病后可选用 10％苯醚甲环唑水分散颗粒剂
1 500 倍液、40％的氟硅唑乳油 5 000 倍液、40％咯菌腈可湿性粉剂
3 000 倍液等，每 7～12 天喷 1 次，连续喷 2～3 次。

（3）根腐病。常在高温多雨季节发生，病株根部先腐烂，继而全株死亡（彩图35）。

防治方法：发病初期用50％多菌灵500～800倍液，或2.5％咯菌腈悬浮剂1 000倍液，每7天喷灌1次，喷灌3次以上。

158. 苦参如何采收、加工？

3年生苦参于9—11月或春季萌芽前采挖。刨出全株，按根的自然生长情况，分割成单根，去掉芦头、须根，洗净泥沙，鲜根切成1厘米厚的圆片或斜片，晒干或烘干。

（二十五）桔梗

159. 种植桔梗如何选地、整地？

（1）选地。桔梗为深根性植物（彩图36），适宜生长在较疏松的土壤中，尤喜坡地和山地，以半阴半阳的地势为最佳，应选择向阳、背风、土层深厚、疏松肥沃、排水良好、富含腐殖质的壤土和半沙质土壤栽植，平地栽培要有良好的排水条件。不宜连作，前茬作物以豆科作物、禾本科作物为宜。黏性土壤、低洼盐碱地不宜种植。

（2）整地。桔梗为深根性作物，有较长的肉质根，因此，最好是垄上栽培。秋末深耕25～40厘米，细碎整平，使土壤风化。播种前亩施腐熟农家肥2 500～3 000千克，过磷酸钙50千克，将肥料均匀撒施地面，施肥后旋耕，深翻30厘米以上，整平耙细，做畦，畦宽1.2～1.5米，四周要开好排水沟，保持排水畅通。地干旱时，先向垄内浇水或淋泼稀腐熟粪水，待水渗下，表土稍松散时再播种。

160. 桔梗如何播种？

（1）种子选择。桔梗种子寿命1～2年，贮存1年以上的陈种子表面发干、光泽暗，发芽率很低。因此，一要选择籽粒饱满、表面油润、有光泽、纯正、无病虫害、无霉烂的新种子；二要选择用2年生桔梗结的种子，2年生桔梗结的种子大而饱满，颜色深，播种后出苗率高，植株生长快，产量高。

（2）播期选择。桔梗主要用种子繁殖，可春、秋季直播，秋播于10月中旬以前，春播在4月中下旬，以秋播为好，秋播当年出苗，所获桔梗产量和质量均高于春播。

（3）播种方式。生产上多采用条播直播，在畦面上按行距20～25厘米开条沟，沟深1.5～2.0厘米，播幅10厘米，将种子均匀播于沟内。为使种子播得均匀，可用2～3倍种子体积的细土或细沙拌匀播种，播后覆细土厚度不超过1厘米，稍加镇压后浇水，在畦面覆盖稻草保温保湿。播后15～20天出苗，一般每亩用种子1.0～1.5千克。

161. 如何进行桔梗田间管理？

（1）间苗除草。在苗高3～6厘米时，间苗1～2次，疏除过密的苗。当苗长至6厘米高时，进行定苗，苗距6～10厘米。定苗时要除去小苗、弱苗和病苗。幼苗期必须经常除草、松土。苗期拔草要轻，以免伤害小苗，也可用小型机械除草，保持土壤疏松无杂草。间苗时要结合松土和除草。定苗后适时中耕、除草，保持土壤疏松无杂草。中耕宜在土壤干湿适宜时进行，封垄后不宜再进行中耕除草。在雨季来临前结合松土进行清沟培土，防止倒伏。雨季及时排除地内积水，否则易发生根腐病，引起烂根。

（2）追肥浇水。除在整地时施足基肥外，在生长期还要进行多次追肥，以满足桔梗生长的需要。苗高约15厘米时，每亩追施尿素20千克，间隔2到3天可以再施1次；后期开花和肉质根膨大时，为使植株充分生长，需要追肥浇水量最多，主要施钾肥和少量磷钙肥，一定要注意配合浇水使用，但不能积水，防止裂根；入冬地上植株枯萎后，可结合清沟培土，加施草木灰或土杂肥。翌年返青后，结合浇水追施复合肥30千克。

（3）花期摘蕾。桔梗开花结果要消耗大量养分，影响根部生长。生产上多人工摘除花蕾。除留种田外，其余桔梗花蕾初期应及时割除花枝以提高产量和质量。桔梗花期长达3个月，而且有较强的顶端优势，摘除花蕾以后，会迅速萌发侧枝，形成新的花蕾，因此，整个花期需多次割除。

162. 桔梗主要病虫害有哪些？如何防治？

桔梗主要病虫害有根腐病、轮纹病、紫纹羽病、立枯病、炭疽病、蚜虫、小地老虎等。

(1) 根腐病。发病期 6—8 月，初期根局部呈黄褐色并腐烂，以后病斑逐渐扩大，发病严重时，地上部分枯萎而死亡。

防治方法：①农业防治。注意每年轮作；及时排除地里积水。在低洼地或多雨地区种植，应做高畦；及时拔除病株，病穴用石灰消毒。②化学防治。发病初期用 50%多菌灵或 70%甲基硫菌灵可湿性粉剂 500～800 倍液，或 75%代森锰锌络合物 800 倍液，或 30%噁霉灵＋25%咪鲜胺按 1∶1 复配 1 000 倍液防治，或用 10 亿活芽孢/克的枯草芽孢杆菌 500 倍液灌根，每 7 天喷灌 1 次，连喷 3 次以上。

(2) 轮纹病。主要危害叶部，6 月开始发病，7—8 月发病严重，发病与植株密度大、高温多湿的环境有关。受害叶片病斑具同心轮纹，上生小黑点，严重时不断扩大成片，使叶片由下而上枯萎。

防治方法：①农业防治。冬季清园，将田间枯枝、病叶及杂草带出园外集中烧毁；夏季高温发病季节，加强田间排水，降低田间湿度，以减轻发病。②化学防治。发病初期用 50%多菌灵可湿性粉剂 600 倍液，或 70%甲基硫菌灵可湿性粉剂 800 倍液喷雾，连续喷施 2～3 次，可以起到预防作用。

(3) 紫纹羽病。危害根部，先由须根开始发病，再延至主根；病根由外向内腐烂，呈现糜渣。地上病株自下而上逐渐发黄枯萎，最后死亡。

防治方法：实行轮作，及时拔除病株并烧毁；病区用 10%石灰水消毒，控制蔓延。多施基肥，改良土壤，增强植株抗病力，山地每亩施石灰粉 50～100 千克，可减轻危害。

(4) 立枯病。主要发生在出苗展叶期，幼苗受害后，病苗基部出现水渍状条斑，最后病部缢缩，幼苗折倒死亡。

防治方法：①农业防治。清理病残体，轮作倒茬。②化学防治。6 月上中旬开始，预防发病可用 50%多菌灵可湿性粉剂 500 倍液，或 80%代森锰锌络合物可湿性粉剂 1 000 倍液喷淋；发病初期用 15%噁霉灵水剂 500 倍液喷淋，每 7～10 天喷淋 1 次，连用 3 次。

（5）炭疽病。主要危害茎秆基部。病发后，蔓延迅速，常使植株成片倒伏、死亡。

其防治方法参照轮纹病。

（6）蚜虫。防治方法：①物理防治。黄板诱杀蚜虫，每亩挂30～40块黄板。②药剂防治。用10％吡虫啉可湿性粉剂1 000倍液，或25％吡蚜酮可湿性粉剂1 000倍液喷雾防治。

（7）小地老虎。防治方法：①人工防治。清晨查苗，发现断苗时，在其附近扒开表土捕捉幼虫。②化学防治。可采取毒饵、毒土诱杀幼虫及喷灌药剂防治。毒饵诱杀，即每亩用50％辛硫磷乳油0.5千克，加水8～10千克，喷到炒过的40千克棉籽饼或麦麸上制成毒饵，傍晚撒于秧苗周围。毒土诱杀，即每亩用90％敌百虫粉剂1.5～2千克，加细土20千克制成毒土，顺垄撒施于幼苗根际附近。喷灌防治可用90％敌百虫晶体或50％辛硫磷乳油1 000倍液。

163. 桔梗如何采收与初加工

（1）采收。鲜根一般在地上茎叶枯萎时采挖，过早采收，根部尚未充实，折干率低，影响产量；过迟收获，不易剥皮。去掉地上枯萎茎、叶，刨取根部后，抖净泥土、芦头，剪掉须根，浸水洗净，然后进行去外皮的初加工。

（2）初加工。趁鲜用竹刀、瓷片等刮去栓皮，洗净，及时晒干或烘干，否则易发霉变质和生黄色水锈；加工不完的桔梗，可用沙埋起来，防止外皮干燥收缩，不易刮去。刮皮时不要伤破中皮，以免内心黄水流出，影响质量。晒干时要经常翻动，到近干时堆起来发汗1天，使内部水分转移到体外，再晒至全干。产品质量以无外皮、无芦头、无杂质、无虫蛀、无霉变、足干为好。根条肥大、色白、质坚实、断面稍有颗粒状、具菊花纹、味苦者为上品。

（二十六）北苍术

164. 种植北苍术如何选地、整地？

（1）选地。北苍术喜凉爽气候，野生于山阴坡、疏林边、灌木丛及草丛中。一般土壤均可种植，通常选择土壤肥沃、土层深厚、土质疏松、排水良好，地下水位深、盐碱度低的沙质土种植为好，最好向阳；不可选低洼、排水不良的地块。育苗地最好选较平坦和有水源的地方。移栽地除选条件较好的耕地外，荒坡、荒滩都可选用。

（2）整地。整地前先施基肥，以有机肥为主。每亩施用 2 000 千克农家肥作基肥，施匀后进行翻耕，深翻 20～25 厘米，耙细整平，做宽 1.2 米、高 15 厘米，长 10～20 米的高畦；亦可起 60 厘米宽、20 厘米高的垄栽种。

165. 北苍术主要繁殖方式有哪些？

北苍术繁殖方式有种子繁殖和分株繁殖两种。

（1）种子繁殖。一般采用育苗的方法，在 4 月初进行育苗，苗床选向阳地为好，播种前先施基肥，再中耕细耙，整平做畦，畦宽 1 米，然后浇透水，水渗后播种，条播或撒播。

① 条播。条播行距 20～25 厘米，沟深 3 厘米，每亩播种量 4～5 千克，把种子均匀撒于沟中，然后覆土，覆土厚度 2～3 厘米，稍镇压后覆盖一层草。

② 撒播。直接在畦面上均匀撒上种子，覆土厚 2～3 厘米。每亩用种 3～4 千克，播后在上面盖一层稻草，经常浇水，保持土壤湿度，苗长出后去掉盖草。苗高 3 厘米左右时间苗，苗高 10 厘米左右时可移栽定植。选择阴雨天或傍晚，按株距 10 厘米，行距 25 厘米，开沟栽植，栽后覆土压紧浇水。

（2）分株繁殖。于 4—5 月或 10—11 月，结合采收，将老苗连根挖出，抖去泥土，将根状茎纵切成小段，每段带 1～3 个芽；或将老株分为 2～3 蔸，每蔸带 1～2 个芽，按行株距（25～30）厘米×15厘米开穴，每穴种入根茎 1 段或 1 蔸，覆以细土，浇水保湿即可。

166. 北苍术如何进行田间管理？

（1）定苗。直播的北苍术当苗高 5～6 厘米时间苗，苗高 10～15厘米时按株距 15～20 厘米，行距 25 厘米定苗。穴播的每穴留壮苗 2～3 株，移栽的每亩地留苗数一般在 12 000～15 000 株。

（2）中耕除草。育苗移栽或根茎繁殖幼苗出土后，应勤除草、松土，定植后注意中耕除草。如天气干旱，要适时灌水，也可以结合追肥一起进行。

（3）追肥。一般每年追肥3次，结合培土，防止倒伏。第一次追肥在5月，施清粪水，每亩用大约1 000千克；第二次在6月苗生长盛期时，施入人粪尿，每亩用约1 250千克，也可以每亩施用5千克硫酸铵肥；第三次追肥则应在8月开花前，每亩用人粪尿1 000～1 500千克，同时加施适量草木灰和过磷酸钙。

（4）摘蕾。在7—8月现蕾期，对于非留种地的北苍术植株应及时摘除花蕾，以利地下部生长，促进根茎肥大。

（5）灌水。北苍术在出苗前后要经常保持土壤湿润，以利出苗和幼苗生长。天旱土干时要及时浇水，一般植株长成后不再浇水。

167. 北苍术的常见病虫害有哪些？如何防治？

北苍术常见病虫害有黑斑病、软腐病、白绢病、蚜虫、小地老虎等。

（1）黑斑病。发病表现为叶片、叶柄、幼果等部位出现黑色斑片状病损（彩图37）。常见症状有如下两种类型。①发病初期病斑周围常有黄色晕圈，边缘呈放射状；后期病斑上散生黑色小粒点，严重时植株下部叶片枯黄，早期落叶，致个别枝条枯死。②叶片上出现轮纹斑，其上生长黑色霉状物，严重时，叶片早落，影响生长。

防治措施：新叶展开时，喷75％百菌清500倍液，或80％代森锌500倍液防治，每7～10天喷施1次，连喷3～4次。

（2）软腐病。由细菌引起的软腐病常因伴随杂菌分解蛋白胶产生吲哚而发生恶臭；由黑根霉引起的软腐病在病组织表面生有灰黑色霉状物，是病菌的孢囊梗和孢子囊。病斑呈片状由叶柄向上扩展，不断腐烂。

防治措施：轻微发病时，用38％噁霜嘧酮菌酯800倍液喷施，每5～7天用药1次；病情严重时，用600倍液喷施，每3天用1次药，喷药次数视病情而定。

（3）白绢病。通常发生在植株的根茎部或茎基部。感病根茎部皮层逐渐变成褐色坏死，严重时皮层腐烂。植株受害后，影响对水分和养分的吸收，以致生长不良，地上部叶片变小变黄，枝梢节间缩短，严重时枝叶凋萎，当病斑环茎一周后会导致全株枯死。在潮湿条件下，受害的根茎表面有白色绢丝状菌丝体。后期菌丝逐渐向下延伸至根部，引起根腐。有时叶片也能感病，在病叶上出现轮纹状褐色病斑，病斑上长出小菌核。

防治措施：在发病初期可用50％苯菌灵可湿性粉剂，或50％异菌脲可湿性粉剂、或50％腐霉剂可湿性粉剂800～1 000倍液，每株喷淋兑的药液100～200毫升，或用1‰硫酸铜液浇灌病株根部，或用25％萎锈灵可湿性粉剂50克，加水50千克，浇灌病株根部。

（4）蚜虫。防治方法：①物理防治。黄板诱杀，每亩挂30～40块黄板。②生物防治。前期蚜量少时利用瓢虫等天敌，进行自然防控。③药剂防治。用10％吡虫啉可湿性粉剂1 000倍液，或25％吡蚜酮可湿性粉剂1 000倍液，或2.5％联苯菊酯乳油3 000倍液等喷雾防治，交替轮换用药。

（5）小地老虎。防治方法：①人工捕杀。清晨查苗，发现断苗时，在其附近扒开表土捕捉幼虫。②物理防治。成虫活动期用糖醋液（糖：酒：醋＝1：0.5：2）放在田间1米高处诱杀，每亩放置5～6盆；或在田间放置黑灯光诱杀。③化学防治。可采取毒饵、毒土诱杀幼虫及喷灌药剂防治。毒饵诱杀，即每亩用50％辛硫磷乳油0.5千克，加水8～10千克，喷到炒过的40千克棉籽饼或麦麸上制成毒饵，傍晚撒于秧苗周围。毒土诱杀，即每亩用90％敌百虫粉剂1.5～2千克，加细土20千克拌匀制成毒土，顺垄撒施于幼苗根际附近。喷灌防治，即用90％敌百虫晶体或50％辛硫磷乳油1 000倍液喷灌防治幼虫。

168. 北苍术如何采收与初加工？

北苍术播后3～4年或移栽后2～3年即可采收，一般于春、秋两季地上茎叶干枯后，选择晴天挖取根茎，但以晚秋或春季苗出土前采收质量较好。挖出后，除去地上茎叶，抖去泥土，晒至四五成干时装入筐内，撞掉须根，即呈褐色；再晒至六七成干，撞根第二次；大部分老皮被撞掉后，根茎晒至全干时再撞第三次，直到表皮呈黄褐色为止。

（二十七）白术

169. 种植白术如何选地、整地？

（1）选地。白术宜选土层深厚、肥沃、通风、凉爽、排水良好的旱地种植。土壤含水量在 30%～50%，空气相对湿度为 75%～80% 时对生长有利。白术生长对土壤要求不严，酸性黏土或碱性沙质壤土都能生长，但以 pH 5.5～6、排水良好、疏松肥沃的沙质壤土为宜。白术忌连作，种过之地需隔 3 年以上才能再种，其前茬作物以禾本科作物为佳，不能与花生、玄参、白菜、油菜、附子、地黄、番茄、萝卜、白芍等作物轮作。

（2）整地。在前茬作物收获后要及时进行冬耕，既有利于土壤熟化，又可减轻杂草和病虫危害。白术下种前要再翻耕 1 次，翻耕时要施入基肥。每亩施腐熟粪肥或堆肥 2 000 千克、过磷酸钙 50 千克、氯化钾 7.5 千克、尿素 10 千克混合作基肥。将肥料撒于土壤表面，耕地时翻入土内。整地要细碎平整。降雨多的地区或地块宜做成宽 120 厘米左右的高畦，畦间留 30 厘米左右的排水沟，畦面呈龟背形，便于排水，畦长可依据地形而定。育苗地一般每亩施堆肥或腐熟厩肥 1 000～1 500 千克，移栽地每亩施 2 500～4 000 千克。

170. 白术如何播种？

（1）种子处理。播种前选择饱满、无病虫害的种子，用 25～30 ℃ 温水浸泡 24 小时，捞出放在簸箕内，置室内避风处，保持湿润，待种子萌动露出白点后播种。在整好的苗圃畦面上按沟心距 20 厘米开浅沟，播距 10 厘米左右，把种子均匀播入沟内，撒上一层草木灰，再用细土覆盖畦面，最后盖一层稻草，因白术种子发芽需要有较多的水分，在一般情况下，吸水量达到种子质量的 3～4 倍时，才能萌动发芽，因此，播种后要经常淋水，保持畦面湿润，10～15 天后即陆续出苗。

（2）育苗。白术用种子繁殖，从播种到药材收获需要两年时间，第一年播种培育"术栽"，当年冬季12月移栽定植（或最迟不得晚于翌年一月下旬），翌年初冬11月中下旬收获。播种以4月上旬为宜，过早易遭冻害，过迟，温高出苗生长不良。应选择籽粒饱满、无病虫害的新种，做好种子消毒后选择条播或撒播的方式进行种植。

① 条播。播种量每亩4～5千克。先在整好的畦面上开横沟，沟心距约为20～25厘米，沟深5厘米，沟底要平，播幅10厘米，播种要均匀，保持粒距1.0～1.5厘米，盖土3厘米厚，最后盖草保温。

② 撒播。将种子均匀撒于畦面，覆约3厘米厚的细土或焦泥灰。播种量每亩5～8千克。

无论采用何种方式播种，播种后都要保持土壤经常湿润，利于出苗。幼苗出土后，要及时拔草间苗，除去密生苗和病苗，苗高5～7厘米时，可按株距5～6厘米定苗。苗期分别于6月上中旬、7月进行两次追肥，每亩施用500千克稀人畜粪水或速效氮肥。做好灌溉排水，干旱时选早晚浇水，雨季时注意清沟排水，以免引发病虫害。生长后期如发现部分植株抽薹现蕾，应及早摘除，使养分集中，促进根茎生长。应注意育苗无须营养过旺，根茎长得过大，易发生病害。

（3）栽植。生产上，北方主要有秋栽和春栽两种栽植方式。秋栽宜在植株地上部分枯黄后至上冻前进行；春栽多在4月上中旬。栽前应注意挑选生长健壮、根群发达、顶芽饱满、表皮细嫩、顶端细长、尾部圆大的根茎作种。而根茎畸形、顶部茎秆木质化、主根粗长、侧根稀少者栽后易生长不良。栽植时行株距有25厘米×20厘米、25厘米×18厘米、25厘米×12厘米等多种，可根据不同土质和肥力条件因地制宜选用。栽前先用清水淋洗种茎，再将种茎浸入40%多菌灵胶悬剂300～400倍液或80%甲基硫菌灵500～600倍液中1小时，捞出沥干，如不立即栽种应摊开晾干表面水分。

171. 白术如何进行田间管理?

（1）间苗与中耕除草。播种后10～15天出苗，齐苗后应进行间苗，拔除弱小或有病的幼苗，苗间距为 4～5 厘米。幼苗期要勤除草、浅松土，应注意见草就拔，原则上保持田无杂草、土无板结。雨后或早晨露水未干时不宜除草，否则易感染病害。5 月中旬植株封行后，只除草不中耕。

（2）科学施肥。一般每亩施入有机肥 500～1 000 千克、过磷酸钙 25～35 千克作基肥；5 月上旬苗基本出齐时，追施稀薄人粪尿 1 次，每亩 500 千克。5 月下旬再次亩追施人粪尿 1 000～1 250 千克或硫酸铵 10～12 千克；结果前后是整个生育时期吸肥力最强、生长发育最快、地下茎膨大最迅速的时期，一般在盛花期每亩施有机肥 1 000～1 500 千克、过磷酸钙 25～35 千克。

（3）浇水与排水。白术喜干怕涝，土壤湿度过大，田间积水，容易发病死苗，因此，雨季要及时清理畦沟，排水防涝。8 月以后根茎迅速膨大，需要一定水分，若遇天旱要及时浇水，以保证水分供应。

（4）摘蕾。为使养分集中供应根茎生长，7 月上中旬白术植株头状花序开放前，非留种田应及时摘除花蕾。摘蕾应在晴天进行，雨天伤口浸水易引发病害。

（5）田间盖草降温。白术有喜凉爽怕高温的特性。夏季可在白术的植株行间覆盖一层草，以调节温度、湿度，覆盖厚度一般以 5～6 厘米为宜。

172. 白术主要病虫害有哪些？如何防治？

白术病虫害主要有立枯病、斑枯病、锈病、根腐病、蚜虫、术籽虫等。

（1）立枯病。遇低温、高湿发病严重。受害苗茎基部初期呈水渍状，地上部呈现萎蔫状，随后病斑很快延伸绕茎，茎部坏死收缩呈线形，状如"铁丝病"，幼苗倒伏死亡。

防治方法：①农业防治。土壤消毒，避免病土育苗；合理轮作 3～5 年；适当晚播，促使幼苗快速生长和成活，避免丝核菌的感染；降低土壤湿度；发现病株及时拔除，带出田外处理。②药剂防治。用 50％多菌灵可湿性粉剂在播种和移栽前处理土壤，每亩用 2～3 千克。发病初期用 30％噁霉灵＋25％咪鲜胺按 1：1 复配 1 000 倍液或 10 亿活芽孢/克的枯草芽孢杆菌 500 倍液灌根，每 7 天淋灌 1 次，连续3～4 次。

（2）斑枯病。主要危害叶片，叶上生大小不等的褐色或深褐色病斑，病斑发展常受叶脉限制呈近圆形、多角形或不规则形，很快布满全叶，使叶呈铁黑色，药农也称之为"铁叶病"。叶片发病由下向上扩展，严重时植株枯死。

防治方法：①农业防治。与非菊科作物轮作 3～5 年；收获后清除田间病残体，减少初侵染来源；培育无病的根状茎或在种植前用多菌灵浸泡或喷雾处理植株；选择排水良好的地块，合理密植，降低田间湿度。②药剂防治。用 70％甲基硫菌灵 1 000 倍液浸种 3～5 分钟，对种子消毒；发病前或初期用 1：100 波尔多液，或 25％咪鲜胺可湿性粉剂 1 000 倍液等喷雾，每 7～10 天喷 1 次，连续 3～4 次。

（3）锈病。受害叶初期生黄褐色略隆起的小点，后扩大呈褐色梭形或近圆形，周围有黄绿色晕圈。叶背病斑处聚生大量的黄色粉末，即锈孢子。

防治方法：①农业防治。选用抗病品种和加强栽培管理。②药剂防治。发病时用 25％戊唑醇可湿性粉剂 1 500 倍液，或 12.5％的烯唑醇 1 500 倍液，或 25％丙环唑乳油 2 500 倍液，或 40％氟硅唑乳油 5 000 倍液等喷雾防治。

（4）根腐病。危害茎基、根和根茎。发病轻的植株支根被害，变褐坏死，植株生长不良。根茎和茎基被害，病部发生变褐腐烂，最后变空，露出纤维状的维管束，植株地上部分完全枯死，病株极易拔起（彩图 38）。

防治方法：①农业防治。土壤消毒；与禾本科作物进行 3 年以上的轮作；用无病种根或栽种前用多菌灵等药剂浸种根，晾干后栽植；雨水多时应加强排水，防止田间积水；田间初发病时，拔除病株并销毁。②化学防治。发病初期用 50％多菌灵或 70％甲基硫菌灵可湿性粉剂 500～800 倍液，或 80％代森锰锌络合物可湿性粉剂 800 倍液灌根，每 7 天喷灌 1 次，连喷 3 次以上。

（5）蚜虫。又名腻虫、蜜虫，密集于嫩叶、新梢上吸取汁液，使白术叶片发黄，植株萎缩，生长不良。

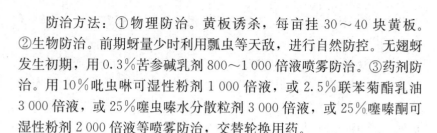

防治方法：①物理防治。黄板诱杀，每亩挂 30～40 块黄板。②生物防治。前期蚜量少时利用瓢虫等天敌，进行自然防控。无翅蚜发生初期，用 0.3％苦参碱乳剂 800～1 000 倍液喷雾防治。③药剂防治。用 10％吡虫啉可湿性粉剂 1 000 倍液，或 2.5％联苯菊酯乳油 3 000 倍液，或 25％噻虫嗪水分散粒剂 3 000 倍液，或 25％噻嗪酮可湿性粉剂 2 000 倍液等喷雾防治，交替轮换用药。

（6）术籽虫。以幼虫危害白术种子，将果壳内种子蛀空，影响白术留种。

防治方法：①农业防治。冬季深翻地，消灭越冬虫源；水旱轮作。②化学防治。成虫产卵前，于白术初花期喷药保护，喷 0.3％苦参碱 800 倍液，或 2.5％多杀霉素悬浮剂 1 000 倍液，或 90％敌百虫晶体 500 倍液，或 4.5％高效氯氰菊酯乳油 1 000 倍液，或 50％辛硫磷乳油 1 000 倍液等喷雾。每 9～10 天喷 1 次，连续喷 2～3 次。

173. 白术如何采收及加工？

（1）采收。白术的最佳采收期为 10 月下旬至 11 月上旬（即霜降至立冬），最好是在立冬前 2～3 天收获。过早采收，白术尚未成熟，根茎鲜嫩不充质，质量差、含水高、折干率低，加工出来的白术干瘪瘦小；过迟采收，根茎养分被消耗，干品表皮皱缩很大，品质空虚枯瘦，降低产量和质量。采收标准以茎秆由绿色转为枯黄色或褐色，下部叶枯黄，上部叶脆硬易折断时为最佳。选择晴天土壤干燥时采收，将药材挖出，除去泥沙，剪去术秆及叶、须根，再将药材进行干燥，鲜根堆放不能太厚，时间不能太长，并要经常翻动，及时加工，以免发热霉烂或油熟。

（2）加工。加工方法有晒干和烘干两种。

① 晒干。将白术鲜品去净泥沙，剪去须根、茎叶，置日光下晒干，需 15～20 天，至干透为止。遇雨天要薄薄地堆在通风处，切勿堆得过高或被雨淋。

② 烘干。选晴天，挖掘根部，除去泥土，剪去茎秆，将根茎烘干，烘温开始用 100 ℃，待表皮发热时，温度减至 60～70 ℃，每 4～6 小时上、下翻动 1 遍，半干时搓去须根，再烘至八成干，取出堆放

5～6 天，使表皮变软，再烘至全干。烘白术的关键是根据干湿度，灵活掌握火候，勤翻动使其受热均匀，既要防止高温急干造成烧焦、烘泡（空心），也不能低温火烘，至油焖霉枯。

（二十八）金银花

174. 种植金银花如何选地、整地？

选择背风向阳、光照良好的缓坡地或平地，以土层深厚、疏松、肥沃、湿润、排灌水良好的沙质壤土为宜。入冬前进行 1 次深耕，耕深 30～40 厘米，结合整地每亩施腐熟厩肥 2 500～3 000 千克，耕后整细耙平。

175. 金银花的育苗方法有哪些？

金银花繁殖育苗的主要方法有扦插育苗、压条育苗两种，大量育苗时以扦插育苗为主，需要苗木数量较少时可用压条育苗法。

（1）扦插育苗。一般在生长开花季节，选择品种纯正、生长健壮、花蕾肥大的植株做标记，作为优良母株；于秋末在选取的母株上选取 1～2 年生枝作插条，每根插条至少有 4 个节位、长度 30～40 厘米、粗度 0.5～1.5 厘米，摘去下部叶片，留上部 3～4 片叶。将插条下端茎节处剪成平滑斜面，上端在节位以上 1.5～2 厘米处剪平，剪好的插条每 50 或 100 根扎成 1 捆，其下端浸入 500 毫克/千克浓度的生根剂 5～10 分钟，稍凉后即可扦插。插条要求为节间短、长势壮、无病虫害。

扦插一般在 7—8 月，于整好的育苗地上，按行距 20 厘米开沟，沟深 25 厘米左右，每隔 3 厘米斜插入 1 根插条，露出地面 10 厘米左右，然后填土盖平压实，扦插后浇水。早春低温时扦插，插床上需搭塑料薄膜弓形棚，半月后拆除。

（2）压条育苗。于秋、冬季植株休眠期或早春萌发前进行。择 2 年生以上，已经开花，生长健壮，产量高的金银花作母株。将近地面的 1 年生枝条在其前端部位刻伤之后，弯曲埋土中，压盖 10～15 厘米厚的细肥土，再用枝杈固定压紧，使枝稍露出地面。若枝条较长，可连续弯曲压入土中，压后勤浇水施肥。翌年春季将已发根的压条截离母体，另行栽植。

176. 大田如何栽植金银花？

栽植时间以早春最好，大田栽植一般行距 2 米，株距 1.5 米，定植穴面积 30～40 厘米^2，每亩栽 220 株左右。为了提高土地利用率，提高前期产量，可按行距 1 米，株距 0.75 米栽植。之后根据生长情况（行间是否郁闭），第三年或第四年隔行隔株移出另栽，大田栽植也要先挖坑或条状沟，施足有机肥，浇水后栽植。

177. 金银花生长期如何进行肥水管理？

金银花施肥分基肥、追肥、叶面喷肥，基肥一般在秋末或早春施，以使用有机肥为主，一般幼树每亩施农家肥 2 000 千克，大树每亩施 3 000～5 000 千克农家肥，50 千克复合肥。具体方法是在植株树冠投影外围，开宽 30 厘米、深 40 厘米的环状沟，注意勿将主根切断，将肥料与一半坑土掺匀，填入沟内，然后填入另一半土。

一年追肥 3～4 次，在每次花蕾采收修剪后追肥，每亩追肥 20 千克碳铵或 10 千克尿素，施肥方法是在树冠周围垂直投影处挖 5～6 个深 15 厘米的小穴，施入肥料、填土封严。为防烧苗和提高肥效，每次追肥后都要浇水。

叶面喷肥的时期为萌芽后新梢旺盛生长期和每次夏剪新梢出生以后，喷施肥料的浓度为尿素 0.3%～0.5%，磷酸二氢钾 0.2%～0.3%，硼砂 0.3%，叶面喷肥的最佳时间是上午 10 时以前和下午 4 时以后，叶背面为喷肥的重点部位。

178. 金银花整形修剪的时间及方法是什么？

修剪可分为休眠期修剪和生长期修剪。休眠期修剪在 12 月至翌年 3 月上旬进行，生长期修剪在 5 月至 8 月上旬进行。修剪方法分为幼龄植株的修剪、盛花期植株的修剪和老龄植株的修剪 3 种。

（1）幼龄植株的修剪。1 年生至 5 年生的植株为幼龄植株，要以整形为主，重点培养好一、二、三级骨干枝，为以后的丰产奠定基础。幼龄植株的修剪要在休眠期进行。1年生植株的修剪，选择健壮枝条1～3个，保留其下部3～5节，上部剪去，其他枝条全部去除。2年生植株的修剪，重点培养一级骨干枝，第一年修剪后，一般会长出6～10个健壮枝，从中选取3～6个枝条，继续保留下部3～5节，剪去上部。3年生植株的修剪，重点培养二级骨干枝，一级骨干枝基部抽生出的枝条比较健壮，从中选留8～15个，保留其基部3～5节，上部剪去，培养成二级骨干枝，其他枝条全部去除。4年生植株的修剪，重点是培养三级骨干枝，调整二级骨干枝，选留二级骨干枝上长出的健壮枝条20～30个，保留其下部3～5节，剪去上部，培养成三级骨干枝，其他枝条全部去除。5年生植株的修剪，植株骨架已基本形成，重点在于促进植株多结花，要注意选留足够的结花母枝，并利用新生枝条调整骨干枝的角度，选留的结花母枝基部直径必须在0.5厘米以上，每个二级骨干枝留结花母枝2～3个，三级骨干枝留4～5个，全株留80～120个，结花母枝的间距保持在8～10厘米，每个结花母枝仍保留下部3～5节，上部剪去，其他枝条全部疏除。

（2）盛花期植株的修剪。主要任务是选留健壮结花母枝及调整更新二、三级骨干枝，达到去弱留强、复壮株势、丰产稳产的目的。盛花期植株的修剪分为休眠期修剪和生长期修剪。

盛花期植株的休眠期修剪主要是疏除交叉枝、下垂枝、枯弱枝、病虫枝及不能结花的无效枝。对所有的结花母枝进行短截，壮旺者要轻截，保留4～5节，中等者要重截，保留2～3节，做到枝枝均截，使结花母枝分布均匀，布局合理。修剪的次序为先下部后上部、先里面后外面、先大枝后小枝、先疏枝后短截。注意修剪的程度与土肥条件要相互协调，土肥条件好，植株生长旺时，要轻剪，反之要重剪。健壮植株的结花母枝应保留在100～120个。

盛花期植株的生长期修剪目的在于促进植株多茬花的形成，提高药材产量，在每茬花的盛花期后进行，第一次在6月上旬修剪春梢，第二次在7月中下旬修剪夏梢，第三次在8月中下旬修剪秋梢，生长期修剪要轻剪，剪除全部无效枝，壮旺枝条剪后留长些，中等枝条剪后留短些，枝间距保持在8～10厘米。

（3）老龄植株的修剪。20年生以上的忍冬科植物逐渐衰老，修剪时除留下足够的结花母枝外，重点进行骨干枝的更新复壮，以多生新枝，使其株龄老而枝龄小，达到稳定药材产量的目的。具体方法是疏截并重、抑前促后。

179. 金银花的主要病虫害有哪些？如何防治？

（1）蚜虫。蚜虫多在 4 月上中旬开始发生，主要刺吸植株的汁液，使叶变黄、卷曲、皱缩。4—6 月虫情较重，立夏后，特别是阴雨天，蔓延更快，严重时叶片卷缩发黄，花蕾畸形。

防治措施：①农业防治。清洁田园，将枯枝、烂叶集中烧毁或埋掉。②药剂防治。在植株未发芽前用石硫合剂喷 1 次，能兼治多种病虫害；蚜虫发生时用 10％的吡虫啉可湿性粉剂 1 000 倍液喷雾，或 3％吡虫清可湿性粉剂 1 000 倍液，或 35％噻虫嗪水分散粒剂 3 000 倍液喷雾防治，每 7 天喷 1 次，连喷数次，最后一次用药须在采摘前 10～15 天进行。

（2）地下害虫蛴螬。主要咬食金银花植株的根系，造成营养不良，植株衰退或枯萎而死。成虫金龟子则以花、叶为食。

防治方法：①灯光诱杀。成虫金龟子有较强趋光性，在金银花基地安装杀虫灯，傍晚开灯集中诱杀金龟子成虫。②根据观测灯诱测金龟子情况，在成虫活动高峰期的傍晚进行 1 次喷药防治，用 50％辛硫磷乳油 1 000 倍液，或 4.5％高效氯氰菊酯乳油 1 000 倍液均匀地喷洒在金银花植株上，或用 3％辛硫磷颗粒剂撒于地表并进行浅锄划防治成虫，控制成虫发生量。③幼虫喷药防治。幼虫危害期可用 50％辛硫磷乳油 1 000 倍液，进行田间灌根，效果较好。

（3）白粉病、褐斑病。白粉病主要危害叶片，有时也危害茎和花，叶上病斑初为白色小点，后扩展为白色粉状斑，后期整片叶布满白粉层，严重时叶发黄变形甚至落叶，茎上病斑褐色，不规则形，上生有白粉，花扭曲，严重时脱落。褐斑病危害叶片，叶上病斑呈圆形或受叶脉所限呈多角形，黄褐色，直径 5～20 毫米，潮湿时发病叶背面生有灰色霉状物。

防治方法：①农业措施。发病初期注意摘除病叶，减少侵染源；雨季及时排水，适当修剪，改善通风透光条件，可增强抗病力；增施有机肥，控氮肥，多施磷钾肥，控制病害发生。②化学防治。发病初期，用 50％多菌灵可湿性粉剂 600 倍液，或 70％甲基硫菌灵可湿性粉剂 1 000 倍液，或 75％全络合态代森锰锌 800 倍液，或 25％三唑酮可湿性粉剂 1 000 倍液，或 25％戊唑醇可湿性粉剂 2 000 倍液，或 10％苯醚甲环唑可湿性粉剂 2 000 倍液喷雾防治，每 10~15 天喷洒 1 次，一般连喷 2~3 次。

180. 金银花如何采收和初加工？

（1）金银花的采收。金银花的花发育分为花蕾期、三青期、二白期、大白期、银花期及金花期共 6 个时期。不同时期其有效成分绿原酸的含量也不相同，从三青期到金花期 5 个不同发育阶段，金银花中的绿原酸含量随其发育阶段的提升而降低，这表明采收期不同，金银花有效成分含量有较大差异。因此，适时采收是保证金银花产品质量的关键环节。

视频 5
金银花采收

最适宜的采摘标准是花蕾由绿色变白，上白下绿，上部膨胀，尚未开放（彩图 39），这时的花蕾按花期划分是二白期、大白期。在 5 月中下旬，采摘第一茬花。1 个月后，陆续采摘第二、三茬花。采摘方法是在花蕾尚未开放之前，先外后内、自下而上进行采摘，1 天之内，以上午 9 时左右采摘的花蕾质量最好。采摘时注意不要折断枝条，以免影响下茬花的产量。

（2）金银花初加工。一般采用日晒法和烤房烘干法。日晒法是指将采回的鲜花均匀地撒在晾晒盘或编制的工具如条筐、苇席上，不要直接撒放在泥土地面上，以防花蕾受潮变黑。摊晒的花蕾在未干前，不能触动，晒于盛具内的，傍晚后可收回房内或棚下。花蕾晒至用手抓，握之有声，一搓即碎、一折即断的程度。烤房烘干法中，小型烤房一般可烤鲜花 500 千克左右，大型烤房一般可烤鲜花 1 000 千克左右。每平方米放鲜花蕾 2.5 千克，厚度 1 厘米，可铺架 14~18 层。花架在烤房中架好后送入热风，此后花蕾的烘干经历塌架、缩声、干燥 3 个阶段。温度变化为 40~50 ℃、50~60 ℃、60~70 ℃，烘干温度逐渐升高，此间要利用轴流风机进行强制通风除湿，整个干燥过程

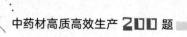

历时 16～20 小时，烘干后装袋保存。

（二十九）连翘

181. 种植连翘如何选地、整地？

连翘主要分布于太行山、中条山、伏牛山、桐柏山等山区，主产山西、河南、河北、陕西等地区。

（1）选地。连翘对土壤和气候要求不严格，耐寒，耐旱，忌水涝，喜温暖干燥和光照充足的环境（彩图 40）。野生连翘分布于海拔 600～2 000 米的半阳或向阳山坡的灌木丛中，在肥沃、贫瘠的土地、悬崖、峭壁、石缝处均有生长。家种连翘多分布于海拔 300～1 000 米的平地、林下地块或山坡地块，尤其适合在排水良好、富含腐殖质的沙壤土上生长。

（2）整地。播前或定植前，深翻土地，施足基肥，每亩施厩肥 3 000 千克，均匀撒到地面上，深翻 30 厘米左右，平地种植行距应在 250～300 厘米。若为丘陵地成片造林，可沿等高线作梯田栽植；山地采用梯田、鱼鳞坑等方式栽培。栽植穴要提前挖好，施足基肥后栽植。

182. 连翘的育苗方式有哪几种？

连翘的育苗方法有种子育苗、扦插育苗、压条育苗和分株育苗 4 种，一般大面积种植育苗主要采用种子育苗，其次是扦插育苗，零星栽培有时也用压条育苗或分株育苗。

（1）种子育苗。选择生长健壮、枝条节间短而粗壮、花果着生密而饱满、无病虫害的优良单株作为采种母株。于 9—10 月采集成熟的果实，薄摊于通风阴凉处后熟几天，阴干后脱粒，选取籽粒饱满的种子，沙藏备作种用。

春播在清明前后进行，冬播在封冻前进行（冬播种子不用处理，翌年出苗）。在畦面上按行距 30 厘米开浅沟，沟深 3.5～5 厘米，再将用凉水浸泡 1～2 天后稍晾干的种子均匀撒于沟内，覆薄细土 1～2 厘米厚，略加镇压，再盖草，适当浇水，保持土壤湿润，15～

20 天左右出苗，齐苗后揭去盖草。在苗高 15～20 厘米时，追施尿素，促其旺盛生长，当年秋季或翌年早春即可定植于大田。

（2）扦插育苗。可分为嫩枝扦插和硬枝扦插（彩图 41）。

嫩枝扦插：①苗床准备。挖深 40 厘米，宽 1～1.3 米的池，选用普通塑料袋做成长 20 厘米，直径 10 厘米的桶状容器，装满土，紧密排列于苗床内，浇水。②插穗选择。6 月开始，从生长健壮的 3～4 年生母株上剪取当年生的嫩枝，截成 15 厘米左右长的插穗，下切口距离底芽侧下方 0.5～1 厘米，切口平滑。节间长的留 2 片叶，节间短的留 3～4 片叶。③插穗处理。将选择好的插穗在配制的 200 毫克/毫升的萘乙酸溶液中浸泡 1～2 分钟。④扦插。将处理好的插穗在整好的苗床上 1 个营养袋内插入 1 棵，插入深度 4 厘米左右，插完后浇水。⑤覆膜。把竹片做成拱形，间距 20 厘米左右固定于苗床上，覆膜，四周用土密封；遮阴，一个月内不可掀开塑料膜。⑥炼苗。1 个月后，在插穗生根后，揭去塑料膜，减少喷水次数，降低苗床相对湿度，进行炼苗。

硬枝扦插：①插条选择。冬季封冻前从母株上剪取芽饱满的枝条，截成 10 厘米长的插穗。沙藏，将剪成的插穗 50～100 枝捆成 1 捆，埋入沙或土中，覆土厚 5～6 厘米，翌年春天刨出。②苗床准备。挖深 40 厘米，宽 1～1.3 米的池，选用普通塑料袋做成长 20 厘米，直径 10 厘米的桶状容器，装满土，紧密排列于苗床内，浇水。③插穗处理。将选择好的插穗在配制的 200 毫克/毫升的萘乙酸溶液中浸泡 1～2 分钟。④扦插。将处理好的插穗在整好的苗床上 1 个营养袋内插入 1 棵，插入深度 4 厘米左右，插完后浇水。⑤覆膜。把竹片做成拱形，间距 20 厘米左右固定于苗床上，覆膜，四周用土密封；遮阴，1 个月内不可掀开塑料膜。⑥炼苗。1 个月后，在插穗生根后，揭去塑料膜，减少喷水次数，降低苗床相对湿度，进行炼苗。

（3）压条育苗。用连翘母株下垂的枝条，在春季将其弯曲并刻伤后压入土中，地上部分可用竹竿或木杈固定，覆上细肥土，踏实，使其在刻伤处生根而成为新株。当年冬季至翌年春季，将幼苗与母株截断，连根挖取，移栽定植。

（4）分株育苗。连翘萌发力极强，在秋季落叶后或春季萌芽前，可将连翘树旁萌发的幼苗（根蘖苗）带根挖出，另行定植，成活率可达 99.5%。

183. 连翘如何栽植与管理？

连翘属于同株自花不孕植物，自花授粉结实率极低，只有 4%，如果单独栽植长花柱或者短花柱连翘，均不结实。

（1）栽植。连翘栽植一般在 7—8 月雨季或秋分之后、越冬前进行。栽植密度按株行距（1.5～2）米×（2～3）米进行栽植。栽植时授粉株按长柱花型植株：短柱花型植株，或短柱花型植株：长柱花型植株的比例为 1：2 进行。可采用行行相间栽植法（即种子实生苗或扦插苗按首行栽上同类花型植株，次行栽上另一类花型植株，以此按授粉株比例 1：2 进行栽植的方式）或株株相间栽植法（即首行以不同花型植株相间栽植；次行也是不同花型植株相间栽植，且与首行相对应的植株为不同花型，以此类推，保持每个植株与周围所有植株相异的方式种植）。

栽培方法：先将选择好的地块内灌木杂草清除，再沿等高线作梯田或作鱼鳞坑栽培，按株行距 1.5 米×2 米挖穴，穴径和穴深各 50 厘米，先将表土填入坑内，达半穴时再施入适量厩肥（每穴 2～5 千克），与底土搅拌混匀。每穴栽苗 1 株，分层填土踩实，使根系舒展。栽后浇水，水渗透后，盖土高出地面 10 厘米左右，以利保墒。

（2）中耕除草。苗期要经常松土除草，定植后每年冬季中耕除草 1 次，植株周围的杂草可铲除或用手拔除。

（3）修剪。连翘每年春、夏、秋季抽生 3 次新梢，而且生长速度快。春梢营养枝可生长 150 厘米，夏梢营养枝生长 60～80 厘米，秋梢营养枝生长近 20 厘米。因此，连翘定植后 2～3 年，整形修剪是连翘综合管理过程中不可缺少的一项重要技术措施。通过整形修剪调整树体结构，改善通风透光条件，调节养分和水分运输，减少病虫危害，提高开花量和坐果率。

连翘一年之中应进行 3 次修剪，即春剪、夏剪和冬剪。①春剪。及时打顶，适当短截，去除根部周围丛生出的竞争枝。②夏剪。于花谢后进行。为了保持树形低矮，对强壮老枝和徒长枝可以短截 1/3～1/2。③冬剪。幼树定植后，高达 1 米时，于冬季落叶后，在主干离地面 70～80 厘米处剪去顶梢，翌年选择 3～4 个发育充实、分布均匀的侧枝，将其培养成主枝。以后在主枝上再选留 3～4 个壮枝，培养成副主枝。在副主枝上放出侧枝，通过几年的整枝修剪，使其形成矮干低冠、通风透光的自然开心形树形，从而能够早结果、多结果。在每年冬季，将枯枝、重叠枝、交叉枝、纤弱枝和病虫枝剪除。对已经开花结果多年、开始衰老的结果枝，也要截短或重截，即截去枝条的 2/3，可促使截口以下抽出壮枝，恢复树势，提高结果枝。

184. 如何进行连翘病虫害综合防治？

连翘常见病虫害较少，偶有钻心虫、蝼蛄等虫害发生，生产中防治应农业防治、生物防治和化学防治相结合。

（1）钻心虫。以幼虫钻入茎秆木质部髓心危害，严重时被害枝不能开花结果，甚至整枝枯死。防治方法为用 80％敌敌畏原液药棉堵塞蛀孔毒杀，亦可将受害枝剪除。

（2）蝼蛄。播种育苗时的主要害虫，无论是在出苗期还是幼苗期，如果不彻底防治，将会降低育苗成活率。以成虫、幼虫咬食刚播下或者正在萌芽的种子，包括嫩茎、根茎等，咬食根茎呈麻丝状，造成受害株发育不良或者枯萎死亡。有时也在土表钻成隧道，造成幼苗吊死，严重时也出现缺苗断垄。

防治方法：可采用常规的毒土或毒饵法。另外可用 50％辛硫磷乳油 100 毫升，兑水 2～3 千克，拌麦种 50 千克，拌后堆闷 2～3 小时进行诱杀。

（3）吉丁虫。成虫咬食叶片造成缺刻状，幼虫蛀食枝干皮层，被害处有流胶，危害严重时树皮爆裂，甚至造成整株枯死，防治方法：①农业防治。在成虫羽化前剪除虫枝集中处理，杀除幼虫和蛹。②药剂防治。成虫发生期和幼虫孵化期用 80％的敌敌畏或 50％辛硫磷乳油 1 000 倍液，或 1％甲氨基阿维菌素苯甲酸盐 2 000 倍液，或 5％氯虫苯甲酰胺悬浮剂 1 500 倍液，或 5％甲氨基阿维菌素苯甲酸盐 3 000 倍液喷雾防治。

185. 连翘如何采收和初加工?

（1）采收。青翘在秋季果实初熟尚带绿色时采收。老翘在果实熟透变黄，果壳开裂或将要开裂时采摘。连翘果实7月底千果重达到峰值，7月底至9月底千果重和连翘苷含量变化均较小，连翘苷、连翘挥发油含量均能达到《中华人民共和国药典》标准，因此，青翘的最佳采收期为7月下旬至9月底；9月底之后，青翘逐渐成熟成为老翘，此时果实的千果重和连翘苷含量都急剧下降，老翘应在青翘转入老翘初时及时采收。

（2）初加工。①青翘。果实采摘后使用蒸笼或连翘杀青机蒸10～15分钟，取出晒干即可。要求表面绿褐色，身干，多数不开裂。青翘蒸制后，果实中酶的活性被钝化，避免了连翘芯发霉。通过蒸制前后的晾晒处理及蒸制时间的控制，可以稳定保证青翘的品质。②老翘。将采摘熟透的黄色果实晒干或烘干即成。③连翘芯。将老翘果壳内种子筛出，晒干即为连翘芯。

（三十）酸枣

186. 种植酸枣如何选地、整地?

（1）选地。酸枣喜光、耐旱、耐寒、怕涝，不宜在低洼水涝地种植，多生于气候较温暖、向阳干燥的山坡、丘陵、山谷、路旁及荒地，以海拔200～500米的向阳山坡或丘陵地带居多。园地适宜海拔高度为1 300米以下，年平均气温8～14℃。选择土层深厚，土壤肥沃，pH 6.5～8.5，排水良好的沙壤土或壤土建园，山地建园坡度应在25°以下，周围没有严重污染源。

（2）整地。平原建园应进行土地平整，沙荒地建园应进行土壤改良，山区或丘陵地应修筑水平梯田。

187. 酸枣繁殖方式有哪几种?

酸枣的繁殖方式以种子繁殖和分株繁殖为主。

（1）种子繁殖。9月采收成熟果实，堆积，沤烂果肉，洗净。春播的种子须沙藏处理，在解冻后进行播种。秋播在 10 月中下旬进行。按行距 30 厘米开沟，撒入种子，覆土 2～3 厘米厚，浇水保湿。

（2）分株繁殖。在春季发芽前和秋季落叶后，将老株根部发出的新株连根劈下栽种。

188. 如何进行酸枣田间管理？

（1）栽植。育苗 1～2 年后即可定植。春、夏、秋季均可栽植，以 4 月初栽植为宜。采取沟栽或坑栽方法，按行株距（2～3）米×1 米开穴，沟或穴深宽各 30 厘米，每穴 1 株。沟或穴的下部施腐熟有机肥，培土至一半时，边踩边提苗，再培土踩实、浇水，栽植深度高于原地痕 3～5 厘米，栽后立即灌水并扶正、培土。

（2）中耕除草。每年雨季之前和初冬各进行 1 次土壤深翻，深度 15～20 厘米，翻后耙平。树盘内或行间进行作物秸秆覆盖，厚度 15～20 厘米。对质地不良的土壤进行改良，黏重土壤应掺沙土，山区枣园扩穴改土。栽后 1～2 年，每年中耕 2～3 次，除草 5 次，保持土壤疏松无杂草。

（3）追肥。每年追肥 2～3 次，以农家肥为主。于早春在根冠外围挖沟施有机肥，施后培土，生长期采用环状施肥，环状沟的位置由树冠大小决定，沟深 15～20 厘米。6 月上旬和 7 月中旬果实膨大期喷施尿素或磷酸二氢钾，间隔 7～10 天再喷 1 次，可提高坐果率。野生枣林主要采取叶面喷肥方法。

（4）灌水。发芽前、开花前、果实膨大期和果实成熟期各灌水 1 次。一般采用畦灌或沟灌。干旱缺水地区和丘陵山区采用穴贮肥水方法，有条件的地区，提倡采用滴灌、喷灌等节水灌溉方法。

（5）花果管理。当开花量达 50％时，喷施 300 倍硼砂和 300 倍尿素，以提高坐果率，减小不利天气对花期的影响。

（6）整形修剪。落叶后至萌芽前进行修剪。人工建园栽培定植后第一年修剪时上部留 5～6 个分枝，离地面 30 厘米以下的分枝不再保留。定植后第二年修剪时上部留 7～8 个分枝，离地面 60 厘米以下不应留分枝。三年后增加树冠体积，初始时下部可适当多留枝，多结果，以后上部树枝结果多后可逐渐去掉下部主枝。10 年后老树高头换接，及时更新复壮，培育新的结果枝。稀植可修剪成开心形树形，密植可修剪成中心干形树形。野生枣林剪去过密枝、病虫枝，培养树势；去除酸枣树底部树丛，清理树盘，使之有一定株距。

189. 如何进行酸枣病虫害综合防治？

酸枣常见病虫害有星室木虱、蓑蛾、桃小食心虫、枣疯病、枣锈病等，生产中的防治应农业防治、生物防治和化学防治相结合。

（1）星室木虱。防治适期为早春。防治方法：①农业防治。及时疏除带虫的枝梢并集中烧毁，结合修剪剪除虫枝。②化学防治。建议使用烟碱类药剂，如吡虫啉可湿性粉剂等，或昆虫生长调节剂类药剂，如扑虱灵可湿性粉剂等。

（2）蓑蛾。防治适期为春、秋季。防治方法：①农业防治。人工摘除虫苞以减少虫源。②化学防治。建议使用拟除虫菊酯类农药药剂，如高效氯氰菊酯乳油或氟氯氰菊酯乳油等。

（3）桃小食心虫。防治适期为秋末、早春。防治方法：①农业防治。土壤结冻前，翻开距树干约50厘米、深10厘米的表土，撒于地表，使土层下的虫茧受冻而亡；幼虫出土前在冠下挖捡越冬茧，集中烧毁；捡拾蛀虫落果，深埋或煮熟作饲料。②用桃小食心虫性诱剂进行诱杀。③化学防治。建议使用拟除虫菊酯类农药药剂，如氟氯氰菊酯乳油或甲氰菊酯乳油等。

（4）枣疯病。防治适期为植株生长季。防治方法以农业防治为主，即加强栽培管理，提高树势；发现病株，连根刨除销毁，树穴用5％石灰水浇灌。

（5）枣锈病。防治适期为植株生长季。防治方法：①农业防治。搞好枣园卫生，清理侵染源；发现病情，及时剪除发病枝条。②化学防治。建议使用治疗真菌类药剂，如三唑酮可湿性粉剂或粉锈宁可湿性粉剂等。

190. 酸枣如何采收和初加工？

（1）采收。不同地理条件、不同种类的酸枣成熟期存在差异。在采收过程中，因酸枣加工利用的目的不同，采收适宜期也不相同。如以加工酸枣仁为目的，则以完熟期采收为宜，此时果实充分成熟，果肉内养分积累最多，不仅制干率高，而且制成品质量也最好；同时，此时的酸枣仁籽粒饱满，色泽最佳，不仅出仁率高，药用效果也最好。过晚采收，不仅容易造成浆包烂枣和鸟兽危害的现象，也会减少产量和降低枣肉的质量。而以生食为主要目的的酸枣，以脆熟期采摘为宜。

目前采收酸枣的方法大多数是待酸枣成熟后，用枣杆震枝，使枣果落地，再捡拾的方法。近几年来，由于酸枣的加工利用途径逐渐增多，而要求也越来越严，所以采收的方法也在逐步改进。利用乙烯利催落采收酸枣的方法比用枣杆打枣的方法提高工效 10 倍左右，在适当剂量处理下，喷施第二天即有效果，第三天进入落果高峰期，五六天便能完全催落成熟的果实。

（2）初加工。酸枣营养丰富，果肉和果核均具有较高的加工和利用价值。①酸枣果肉。目前酸枣果肉的加工品主要有酸枣粉、酸枣糕、酸枣饮品、酸枣醋、酸枣酒、维生素 C 含片、果脯和枣红色素等，加工工艺简单、成本低、经济价值较高。②酸枣仁。传统的加工方法是将洗好晒干的酸枣核平铺于石碾上反复滚压，注意酸枣核数量要适量，太少时容易压碎枣仁。待酸枣核破碎后，用簸箕、筛子或是手扬筛选出部分酸枣核和酸枣仁，然后将剩下的较难分离的核壳与核仁的混合物上碾，再进一步破碎，最后放在水中，用水选法筛选出酸枣仁。水选后的酸枣仁必须摊于席上晾晒，使之充分干燥，作生用或炒用。

（三十一）枸杞

191. 种植枸杞如何选地、整地？

（1）选地。宜选择排灌方便的、土层深厚的沙壤土、轻壤土、壤土，含盐量在 0.3% 以下。

（2）整地。在头年冬进行翻耕，使土壤风化。到翌年种植前再翻耕 1 次，按株行距 100 厘米×200 厘米挖穴，亩栽 330 株，穴深宽各 40 厘米，每穴施下腐熟厩肥 5 千克，纯氮 40 克，五氧化二磷 50 克、氧化钾 75 克和锌肥 10 克，回土 10 厘米厚，并与肥料拌匀，上覆细土厚 10 厘米，然后把苗放在坑中心，继续填表土，将根埋实，围树干培土圈，形成浇水坑，浇透水，待水下渗后，将半干土填入坑内，防止形成裂缝。一周后根据天气旱情和土壤墒情，再浇1次水，即可保苗成活。

192. 枸杞如何进行育苗？

枸杞育苗有种子育苗和扦插育苗两种方法。

（1）苗畦整地。育苗田应选灌排方便，地势平坦，阳光充足，土层深厚，排水良好的沙壤土地块。育苗田施肥以腐熟的农家肥为主，化肥为辅。每亩农家肥的施用量2 500~4 000千克；磷酸二铵的用量为10千克；硫酸钾为5千克。施足基肥后，深翻，翻土深度在20~25厘米。育苗前再整平耙细，以待播种或扦插育苗。

（2）种子育苗。枸杞种子育苗一般在每年的春季进行，将育苗田做成长10米，宽2米的平床。畦面要平坦，土壤要充分细碎。然后在平床面上，开2厘米深的浅沟作为播种沟，行距间隔40厘米。枸杞种粒细小，可用细河沙拌种，使播种更加均匀。播后覆细土镇压。干旱地区可以覆膜保墒，以利于出苗。

（3）扦插育苗。枸杞扦插育苗春、夏、秋季均可，但以在春、夏季扦插为主，春季扦插在3月下旬至4月上旬，夏季扦插在果实采摘后结合夏剪选取枝条。选择品种好，长势壮，无病虫害的植株作为母本，取一年生且完全木质化、0.5厘米左右粗的枝条，剪取13厘米左右长的插穗，上口平，下口呈马蹄形，剪口距第一芽1厘米。插前用100毫克/升的植物生长调节剂ABT1号生根粉溶液浸泡12小时，以促进生根。在育苗田内开10厘米深的沟，将浸泡过的生根部分朝下，斜插在沟内。插穗之间的株距保持在15厘米。插穗露土高度为1~2厘米。插完一行立即填土，再用脚将土踏实。为提高地温，使插穗早成活，北方地区枸杞扦插后，用地膜覆盖垄面。注意保持田间湿度，1个月后，新芽长出，进入苗期管理。

193. 枸杞如何栽植与管理？

（1）栽植。春天种植一般在土地解冻到发芽前。种植前必须对挖断的老根进行修剪，这样做更有利于新根的产生。株行距1.4米×2米，每亩种 238 株，挖穴定植，按每株的行距在定植前划行定点挖坑，坑穴长、宽、深均为 43 厘米。种植的时候需注意的几个要求：①种前对苗木进行 1 次修剪。②苗木浸泡。③定植穴施肥要求肥料必须混合均匀。④栽植深度要求和原来苗圃中生长时的深度相一致。

（2）中耕除草。每年进行 3～4 次，及时清除杂草，防止杂草丛生，传播病虫害，有条件农户可以结合冬春耕翻，起到除草、松土、改善土壤结构，保温、保水、保肥的作用。

（3）施肥。枸杞喜肥，花果期较长，在萌芽、开花、结果等时期应注意施肥，以尿素、复合肥为主，亩追尿素 15 千克、复合肥 30 千克，在结果盛期，喷叶面肥尿素 0.5%，磷酸二氢钾 0.3%，亩喷 50～60 千克肥液补充肥料。

（4）水分管理。枸杞忌涝与排水不良，但过于干旱又影响其生长发育，应根据当地条件及时进行排灌水。

（5）幼树整形。目的在于形成最佳树形，第一年于苗高 50～60 厘米处截顶定干，在截口以下选 4～5 个分布均匀的健壮枝留作主枝；第二年，再在主干上部选留 1 个直立徒长枝，在高于截顶 20 厘米处摘心，待其发出分枝后选留 4～5 个分枝，培养形成第二层树冠。第三、四年，仿照第二年的做法，对徒长枝进行摘心利用，培养第三层、第四层、第五层树冠，一般 4 年后枸杞树形基本形成。

（6）老树修剪。目的在于保留足够的结果壮枝，提高结果产量。

分为冬剪和夏剪；冬剪在果树的休眠期进行，一般在 2—3 月，以剪、截为主。剪除植株、根茎、主干、膛内、冠顶着生的无用徒长枝及冠层病、虫、残枝和结果枝组上过密的细弱枝、老结果枝；短截树冠中、上部交叉枝和强壮结果枝。夏剪在夏果采摘后，剪除主干、根茎、膛内、树冠顶部的徒长枝和冠顶内部过密枝组。对结果母枝留 10～20 厘米短截，促发分枝结秋果。

194. 如何防治枸杞的主要病虫害？

（1）白粉病与炭疽病。枸杞白粉病发生时，叶面覆盖白色霉斑和粉斑，严重时枸杞植株外观呈现一片白色，病株光合作用受阻，叶片逐渐变黄脱落（彩图 42）。枸杞炭疽病俗称黑果病，是枸杞种植上的重要病害，严重影响枸杞产量和品质。主要危害青果、嫩枝、叶、蕾、花等。青果染病时初在果面上生小黑点或不规则褐斑，遇连日阴雨病斑不断扩大，半果或整果变黑，干燥时果实皱缩；湿度大时，病果上长出很多橘红色胶状小点；嫩枝、叶尖、叶缘染病产生褐色半圆形病斑，扩大后变黑，湿度大时呈湿腐状，病部表面出现橘红色小点。

防治方法：①农业防治。秋末春初，结合修剪、耕翻、施基肥等田间管理措施，彻底清除园区落叶、杂草、病残体，集中深埋或烧毁；增施磷、钾肥，增强抗病力；生长期及时疏除过密枝条，保证园内通风透光，减小发病概率。②药剂防治。发病期用80%代森锰锌可湿性粉剂500倍液，或75%百菌清可湿性粉剂600倍液，或20%三唑酮乳油1 000倍液等喷雾，每隔7~10天喷1次，根据病情可连续喷2~3次，果实采收前7天停止用药，以保证果品质量。

（2）瘿螨，俗称叶瘤（彩图43）。防治方法：①农业防治。在开春修剪时剪去带病的枝梢，集中深埋或烧毁；扦插育苗时选用无病枝条，以减少虫源。②药剂防治。用1.5%阿维菌素1 000倍液，或4%阿维菌素·哒螨灵1 000倍液喷雾，每7~10天喷施1次；连续防治3~4次。

（3）负泥虫。防治方法：①农业防治。每年春季结合修剪清洁枸杞园，尤其是田边、路边的枸杞根蘖苗、杂草，要干净彻底地清除。②药剂防治。用4.5%高效氯氰菊酯乳油1 000倍液，或20%氰戊菊酯乳油2 000倍液，或2.5%溴氰菊酯乳油1 500倍液等喷雾防治。

（4）蜗牛。防治方法：①农业防治。采取清洁田园、铲除杂草、及时中耕、排干积水等措施，破坏蜗牛栖息和产卵场所；秋后及时耕翻土壤，可使部分越冬成贝、幼贝暴露于地面冻死，卵被晒爆裂；人工诱集捕杀，用树叶、杂草等在枸杞田做诱集堆，白天蜗牛躲在其中，可集中捕杀；撒施生石灰，在地头或枸杞行间撒宽10厘米左右的生石灰带，每亩用生石灰5~7.5千克，蜗牛从石灰带爬过沾上生石灰后会失水死亡。②药剂防治。毒饵诱杀，即用四聚乙醛配制成含2.5%~6%有效成分的豆饼（磨碎）或玉米粉等毒饵，傍晚时均匀撒施在枸杞垄上进行诱杀；撒颗粒剂，用10%四聚乙醛颗粒剂，均匀撒于田间进行防治，每亩用 2 千克。

（5）木虱。①农业防治。结合夏剪剪掉虫害枝，集中焚烧销毁。②药剂防治。用 1.8%阿维菌素 2 000～3 000 倍液喷雾防治。

195. 枸杞怎样采收和加工？

在果实八九成熟，即果实变成红色或橙红色、果肉稍软、果蒂疏松时，立即采摘，先摘外围上部，后摘内堂和下部。采摘后轻轻倒在果盘上，堆放厚度不超过 2 厘米，装好盘后先在阴凉通风干燥处放半天至一天，等果实萎缩后，再在阳光下晾晒，3～5 天即可晒干。果实未晒硬前不要翻动，可用棍从盘底轻轻敲打，使果松开。果实晒干后，去杂、分级、包装。

（三十二）山楂

196. 种植山楂如何选地、整地？

（1）选地。山楂对土壤质地、土层厚度、土壤肥力的要求不严，虽根系不深，但分布广远、可以弥补根浅不足的缺点。要使山楂生长发育良好，以选择地势较为平坦、土层深厚、土质疏松肥沃、排水良好、光照充足、空气流通、坡度不超过 15°的中性或微酸性沙壤土为宜。黏壤土在通气状况不良时，由于山楂根系分布较浅，易造成树势发育不良；山岭薄地，根系不发达，树体矮小，枝条纤细，结果少；涝洼地易积水，根系也浅，易发生涝害、病害；盐碱地易发生黄叶病等缺素症。

（2）整地。整地做畦，以南北方向的畦为好，畦宽 1 米，施足量农家肥，灌 1 次透水，待地皮稍干即可播种。

197. 山楂如何播种、嫁接与栽植？

（1）播种。播种主要采取条播和点播两种方法，每畦播 4 行，采用大小垄种植。带内行距 15 厘米，带间距离 50 厘米，边行距畦埂 10 厘米。畦内开沟，沟深 1.5～2 厘米。沟内坐水播种，将种子均匀撒播于沟内，点播按株距 10 厘米播种，每点播 3 粒发芽种子、覆土厚 0.5～1 厘米，地面再覆盖地膜。播种后一般 7～10 天出苗。幼苗长出 2～3 片真叶时揭去地膜，长至 3～4 片真叶时，按 10 厘米的株距定苗，保证每亩留苗 2 万株以上。

（2）嫁接。用山楂种子培育的苗木，称为实生砧木苗。实生砧木苗一般均需嫁接才能成为供栽培的山楂苗。嫁接时间一般在 7 月中旬至 8 月中旬。主要采用芽接的方法。先在山楂接穗上取芽片，在接芽上方 0.5 厘米处横切一刀，深达木质部，在芽系两侧呈三角形切开，掰下芽片；在砧木距地面 3～6 厘米处选光滑的一面横切一刀。长约 1 厘米，在横口中间向下切 1 厘米的竖口，呈"丁"字形。用刀尖左右一拨。撬起两边皮层，随即插入芽片，使芽片上切口与砧木横切口密接，用塑料条绑好即可。

（3）栽植。春、秋季均可。秋栽在秋季落叶后到土壤封冻前进行，因秋末、冬初栽植时期较长，此时苗木贮存营养多，伤根容易愈和，立春解冻后，就能吸收水分和营养供苗木生长之需，栽植成活率高。春季栽植以土壤解冻后至山楂萌芽前为宜。山楂一般是按行株距 4 米×4 米或 5 米×3 米栽植，亩栽 40～45 株。

栽植时，先挖穴，宽、深各 50 厘米，将坑内挖出的部分表土与肥料掺拌均匀，并将另一部分填入坑内，填至近一半时，将山楂苗放在中央，继续填入残留的表土，同时将苗木轻轻上提，使其根系舒展，并与土密切接触，用脚踩实。栽好后，在苗木周围培土埂，浇水，水渗后封土保墒。在春季多风地区，避免苗木被风吹动摇晃使根系透风，在根颈部可培土作 30 厘米高的土畦。

198. 种植山楂如何进行田间管理？

（1）追肥。每年追施 3 次肥。第一次在树液开始流动时，每株追施尿素 0.5 千克；第二次在谢花后，每株追施尿素 0.5 千克。第三次在花芽分化前，每株施尿素 0.5 千克、过磷酸钙 1.5 千克、草木灰 5 千克。

（2）灌水与排水。每年浇 4 次水，春季在追肥后浇 1 次水，以促进肥料的吸收利用；花后结合追肥浇 1 次水，以提高坐果率；果实膨大期浇 1 次水，以促进果实的快速生长；最后浇 1 次封冻水，以利树体安全越冬。

（3）修剪。按照时期可分为冬季修剪和夏季修剪。①冬季修剪。采用疏、缩、截相结合的原则，进行改造和更新复壮，疏去轮生骨干枝和外围密生大枝及竞争枝、徒长枝、病虫枝；缩剪衰弱的主侧枝，选留适当部位的芽进行小更新，培养健壮枝组；山楂修剪中应少用短截的方法，以保护花芽；要及时进行枝条更新，以恢复树势。②夏季修剪。及早疏除位置不当及过旺的发育枝；对花序下部侧芽萌发的枝一律去除，克服各级大枝的中下部裸秃，防止结果部位外移。

199. 如何防治山楂的主要病虫害？

危害山楂的主要病虫害有山楂白粉病、桃小食心虫和山楂红蜘蛛等。

（1）山楂白粉病。主要危害叶片、新梢和果实。叶片发病，病部布白粉，呈绒毯状，即分生孢子梗和分生孢子，新梢受害除出现白粉外，还会造成植株生长瘦弱，节间缩短，叶片细长，卷缩扭曲，严重时干枯死亡。

防治方法：①农业防治。清洁果园，清除病枝、病叶、病果，集中烧毁。②药剂防治。发芽前喷29%石硫合剂；发病初期喷1%蛇床子素500倍液，或80%代森锰锌可湿性粉剂800倍液；发病后喷15%三唑酮可湿性粉剂1 000倍液，或40%氟硅唑乳油5 000倍夜，或12.5%腈菌唑可湿性粉剂1 500倍液等喷雾。一般每7～10天喷1次，连喷2～3次。

（2）桃小食心虫。防治方法：①农业防治。土壤结冻前，翻开距树干约50厘米、深10厘米的表土，使虫茧受冻而亡；幼虫出土前在树冠下挖捡越冬茧，集中杀死；捡拾蛀虫落果，深埋或煮熟作饲料。②生物防治。用桃小食心虫性诱剂进行诱杀。③药剂防治。用90%敌百虫晶体500倍液，或4.5%高效氯氰菊酯乳油1 000倍液，或5%甲氨基阿维菌素苯甲酸盐乳油2 000倍液，或50%辛硫磷乳油1 000倍液等喷雾防治。

（3）山楂红蜘蛛。防治方法：①农业防治。早春刮除树上老皮、翘皮烧毁，消灭越冬成虫。②药剂防治。点片发生初期，用1.8%阿

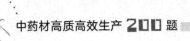

维菌素乳油 2 000 倍液，或 0.36％苦参碱水剂 800 倍液，或天然除虫
菊酯 2 000 倍液，或 73％炔螨特乳油 1 000 倍液，或 5％噻螨酮乳油
1 500～2 000倍液喷雾防治。

200. 山楂如何采收与加工？

山楂在 9 月下旬至 10 月下旬相继成熟，应注意适时采收（彩图
44）。采收方法有剪摘法、摇晃法、敲打法 3 种。剪摘法，就是用剪
子剪断果柄或用手摘下果实，这种方法能保证果品质量，有利贮藏，
但费时费工。规模化基地往往采用地下铺塑料薄膜，用手摇晃树或用
竹竿敲打，将果实击落的采收方法。

（1）鲜食山楂。采收后装入聚乙烯薄膜袋中，每袋装 5～7.5
千克，放在阴凉处单层摆放，5～7 天后扎口（山楂呼吸强度高，膜
厚的袋子袋口不要扎紧）；前期注意夜间揭去覆盖物散热，白天覆盖；
待最低温度降至－7 ℃时，夜间在上面盖覆盖物防冻，此法贮至春节
后，果实腐烂率在 5％之内。

（2）药用山楂。采收后将山楂切片放在干净的席箔上，在强日下
暴晒。初起要摊薄些，晒至半干后，可稍摊厚些，另外，暴晒时要经
常翻动，要日晒夜收。晒到用手紧握适量山楂切片，松开立即散开为
度；制成品可用干净麻袋包装，置于干燥凉爽处保存。

参 考 文 献

北京农业大学《肥料手册》编写组，1979. 肥料手册 ［M］. 北京：中国农业出版社.

河北省昌黎农业学校，1979. 土壤肥料学 ［M］. 北京：中国农业出版社.

贺献林，2015. 柴胡规范化栽培技术 ［M］. 北京：中国农业出版社.

何运转，等，2019. 中草药主要病虫害原色图谱 ［M］. 北京：中国医药科技出版社.

王国元，贺献林，2013. 北方山区中药材种植技术手册 ［M］. 北京：中国农业出版社.

谢晓亮，杨彦杰，杨太新，2014. 中药材无公害生产技术 ［M］. 石家庄：河北科学技术出版社.

谢晓亮，杨太新，2015. 中药材栽培实用技术 500 问 ［M］. 北京：中国医药科技出版社.

杨太新，谢晓亮，2017. 河北省 30 种大宗道地药材栽培技术 ［M］. 北京：中国医药科技出版社.

中华人民共和国药典委员会，2020. 中华人民共和国药典（一部）2020 年版 ［M］. 北京：中国医药科技出版社.

图书在版编目（CIP）数据

中药材高质高效生产 200 题 / 贺献林，刘国香主编．
—北京：中国农业出版社，2021.3
（码上学技术．绿色农业关键技术系列）
ISBN 978 - 7 - 109 - 28036 - 6

Ⅰ.①中⋯ Ⅱ.①贺⋯ ②刘⋯ Ⅲ.①药用植物一栽
培技术 Ⅳ.①S567

中国版本图书馆 CIP 数据核字（2021）第 045499 号

中药材高质高效生产 **200** 题
ZHONGYAOCAI GAOZHI GAOXIAO SHENGCHAN 200 TI

中国农业出版社出版
地址：北京市朝阳区麦子店街 18 号楼
邮编：100125
责任编辑：王琦瑢 李 瑜
版式设计：杜 然 责任校对：刘丽香
印刷：中农印务有限公司
版次：2021 年 3 月第 1 版
印次：2021 年 3 月北京第 1 次印刷
发行：新华书店北京发行所
开本：880mm×1230mm 1/32
印张：5.5 插页：4
字数：170 千字
定价：26.00 元

彩图1　荆芥（贺献林）

彩图2　牛膝根腐病（何运转）

彩图3　牛膝菟丝子（贺献林）

彩图4　薄荷银纹夜蛾幼虫（何运转）

彩图5　菘蓝大青叶（贺献林）

彩图6　菊花基地（贺献林）

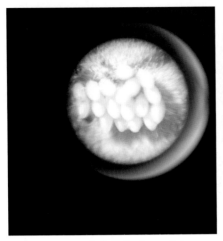

彩图7　菊花瘿蚊卵（贺献林）

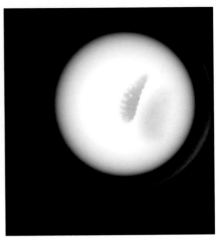

彩图8　菊花瘿蚊幼虫（贺献林）

彩图9　菊花瘿蚊危害状（贺献林）

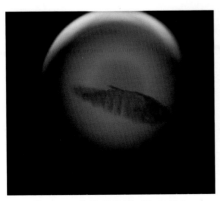

彩图10　菊花瘿蚊蛹（贺献林）

彩图11　菊花瘿蚊成虫（贺献林）

彩图12　王不留行黑斑病（何运转）

彩图13　玉米田间套种柴胡（贺献林）

彩图14　黑褐色的螟蛾幼虫

彩图15　赤条蝽危害柴胡（贺献林）

彩图16　蚜虫危害柴胡嫩茎(贺献林)

彩图17　割薹（贺献林）

彩图18　柴胡斑枯病危害茎部（贺献林）　　　彩图19　花椒与知母套种（贺献林）

彩图20　射干（贺献林）　　　彩图21　非留种田射干（贺献林）

彩图22　林下牡丹（贺献林）　　　彩图23　芍药白粉病（刘廷辉）

彩图24　白芷斑枯病（刘廷辉）　　　　彩图25　白芷黄凤蝶幼虫（刘廷辉）

彩图26　地黄根腐病（王江柱）　　　　彩图27　远志根腐病（刘廷辉）

彩图28　丹参（贺献林）

彩图29　林下丹参（贺献林）

彩图30　山药短体线虫病（贾海民）

彩图31　山药棉铃虫（何运转）

彩图32　防风白粉病（刘廷辉）

彩图33　黄芪白粉病（刘廷辉）

彩图34　黄芪蚜虫（何运转）

彩图35　苦参根腐病（刘廷辉）

彩图36　桔　梗

彩图37　北苍术黑斑病（刘廷辉）

彩图38　白术根腐病（何运转）

彩图39　金银花（贺献林）

彩图40 连翘

彩图41 连翘扦插育苗（贺献林）

彩图42 枸杞白粉病（何运转）

彩图43 枸杞瘿螨
（何运转）

彩图44 成熟山楂果
实（贾和田）